12歳からはじめる
JavaScriptとウェブアプリ

子どものためのICTプログラミングスクール  著

はじめに

● 4年ぶりの自信作

みなさんにやっとこの本を届けることができます！

TENTOから最初の本『12歳からはじめるHTML5とCSS3』を出したのが2013年でした。その本の最後にJavaScriptの書き方をちょっぴり載せたのは、次にJavaScriptの入門本をすぐ出そうと思っていたからです。

ところが……次回作のこの本をだすのになんと4年もかかってしまいました。『12歳からはじめるHTML5とCSS3』を読んでHTMLの書き方を覚えた人は、当時12歳の小学生だったとしたらもう高校生になっていますね。中には、ひょっとすると首を長くしてこの本を待っていてくれた人もいるのではないでしょうか。え？ 首が伸びすぎて天井を突き破ってしまった!? はい、そのくらいの時間がかかってしまいましたね……。

でも、そのあいだにTENTOもずいぶんパワーアップしたんですよ！ 2011年に日本初の子ども向けプログラミングスクールとして公民館のかたすみで小さくスタートしたTENTOですが、いまでは教室が首都圏だけでなく日本各地にも広がっています。開催したイベントに数千人が集まるようになったり、テレビ番組にかかわってたくさんの人が見てくれるようになりました。本だって、JavaScriptはなかなか出せなかったけれど、スクラッチやマイクラの本など書店にたくさんTENTOの本が並んでいます。

なにより嬉しいのは、いっしょにプログラミングを学ぶ子どもたちがすごく増えてくれたことです！ 彼らのおかげでいろんなプログラミング言語の学び方を観察することができるようになりました。JavaScriptも例外ではありません。この4年間、子どもたちと一緒にJavaScriptを学びながら、どうやったらうまくJavaScriptを覚えられるかをじっくり研究することができまし

た。この本では、その研究成果をもとに、楽しく効率よくJavaScriptが学習
できる工夫がこらしてあります。

●くふうその１：JavaScriptに集中！

　JavaScriptはウェブページの中で使われることが一般的です。TENTOで
実際に学習するときもウェブページをまずつくってからJavaScriptを書き始
めるようにしていました。この場合、ページ全体をHTMLでつくってからそ
の中の一部にJavaScriptを書きます。しかし、授業中の子どもたちの様子を
見ると、このやり方は初心者に合っていないことがわかりました。HTMLの
中にJavaScriptが紛れてしまい、どこがプログラムなのかわかりにくいから
です。どこを見たらいいのかわからないので初心者の気がそれてしまうので
す。

　そこでこの本では、最初はなるべくHTMLの部分をなくし、JavaScriptだ
けで進められるように工夫しました。

　この本を読み進める人はそれぞれの章のポイントとなるJavaScriptのプロ
グラムに集中できるようになっています。そうして「繰り返し」や「条件分岐」
など、それぞれの章のJavaScriptのトピックがより簡単に理解できるように
なっています。

●くふうその２：内容は最小限で！

　プログラミングの学習は、自転車に乗る練習と似ています。最初に自転車に
乗るときは、補助輪を付けた状態でお父さんやお母さんに見守られながら始め
ますよね。それで自信がついてきたらいよいよ補助輪を外します。補助輪が外
れたからってもう自転車をマスターしたわけではなくて、止まり方や段差の乗
り越え方、スムーズにカーブを曲るやり方などを覚えなければなりません。で
も補助輪が外れたあとは、だれにも教えてもらわずに自分で練習しましたよ
ね？

　この本は補助輪と一緒です。読者のみなさんがJavaScriptの操縦で転ば
ないように、最初の道筋を示してくれます。とりあえずこの道筋に沿えば、

3

JavaScriptになんとなく慣れて操縦の感覚を得られるようになります。でも、ほんとうの学習はこの本を終えてからなのです。

　この本を終えても覚えなければならないことはたくさんあります。たとえば、HTMLのもっと詳しい操作方法や、「オブジェクト」というものでプログラムをわかりやすくする方法、また人のつくったライブラリの使い方などがわからないと本格的なプログラムは組むことはできません。しかし自転車と同じように、それらは自力で学習すべきことなのです。

　そのためにあえてこの本は、みなさんがなんとか離陸できる程度の内容にとどめています。そこから先は自分でネットを調べたり、好きなプログラムをつくる過程で覚えていくのが良いでしょう。

●くふうその3：サンプルを短く！

　プログラミングがわかった！　と実感できるのはどういうときでしょうか？それは、自分が書いたプログラムを動かしてみて、どの部分がそれぞれの動きに対応しているかがわかったときです。たとえば、プログラムの中のひとつの数字を変えてみたら、キャラクターの動きが速くなったとしたら、その数字はキャラクターの速度をあらわしていたのです。そういう小さな理解の積み重ねが「わかったぞ！」という達成感につながります。

　ですから、プログラムの構造がわかりやすいように、サンプルはなるべく短くシンプルなものを使うようにしました。短いとプログラムの動きもわかりやすいからです。

　これにはもうひとつのねらいがあります。この本の読者にはなるたけサンプルを改造してもらいたいのです。サンプルに自分なりの工夫をしたり、気に入らないところを変えたりしてほしいからです。こうすると最初は動かなくて苦労しますが、自分の考えで書いたものが動くとサンプルが動いたとき以上にうれしい体験ができます。

　この本で提供するサンプルは、なるべくシンプルにして、読者が発展させやすいようにしています。サンプルがつまらない、というそこの君！　どうした

ら面白くなるのか考えて実際にプログラムを書いてみましょう！

●くふうその４：とにかく楽しく！

　この本はあちこちに犬のテントくんとネコのパオちゃんが出てきます。テントくんはおっちょこちょいのイタズラ好きな男の子、パオちゃんはしっかり者で物知りの女の子です。そして各章のトビラにはひたすらテントくんがボケまくる４コマ漫画が載せてあります。このマンガをまっさきに読んでしまった人もいるのではないでしょうか？

　でもそれでいいのです。

　マンガを読んで、ちょっとでもプログラミングの楽しさを感じてくれたら、それがプログラミングを学習する第一歩になります。

　プログラミングを学ぶ最大のコツは、プログラミングを楽しいと思うことです。楽しいと思ってどんどん自分からつくっていくのが最高の学び方です。学校の勉強のように、先生の言うことをひたすら聞いて、全部しっかり暗記するなんてやり方はプログラミングには向いていません。テントくんを見てください。いつもイタズラばっかりで、余計なことしかしないホントしょうもない子どもに思えるかもしれません。でもそれは裏を返せばどんなことでも楽しんで自分から学習する子どもの絵なのです。実はこういう子どもこそプログラミングの学習に向いた、TENTOの理想とする子ども像でもあるのです。

さあ！
楽しいプログラミングの時間を始めましょう！

2017年初秋
TENTO　竹林 暁

CONTENTS

はじめに 2

第1章 JavaScript ってなんだ？
プログラミングとJavaScript 10

1 プログラミングとはなにか 12
2 HTMLとCSSとJavaScript 15
3 文字コードってなんだ 22
4 サーバにあげろ！ 25

第2章 プログラミングしてみよう
「条件分岐」ってなんだろう 28

1 JavaScriptを書いてみよう 30
2 変数を使おう 34
3 もし〜だったら 39
4 クイズをつくろう！ 46
5 計算しよう！ 55

第3章 ぐるぐるくりかえす
forやwhileでくりかえしを表現する 64

1 「くりかえし」ってなんだろう 66
2 奇数だけ足す、偶数だけ足す 75
3 インクリメントを使ってみよう 79
4 whileでくりかえす 86
5 中断したり、続けたり 94

第4章 配列でならべたら
変数をたくさん扱うためには …… 102

1 ファイルをわける …… 104
2 クイズプログラムをつくる …… 109
3 さらに問題を追加する …… 115
4 点数を合計しよう …… 120
5 「配列」を使ってみよう …… 122
6 平均点を計算してみよう！ …… 127

第5章 関数ってなんだ？
プログラミングの関数と使い方 …… 134

1 「関数」を使ってみよう …… 136
2 引数がある関数 …… 140
3 引数と戻り値 …… 149
4 プログラムをスッキリしよう …… 155
5 プログラムを見やすくしよう …… 164

第6章 グローバルとローカル
変数には「使いどころ」がある …… 172

1 変数とはなにか …… 174
2 グローバル変数を使ってみよう …… 177
3 ローカル変数を使ってみよう …… 183
4 ミスをみつけよう …… 188

第7章 JavaScriptを使っていろいろやる
ウェブページを変化させる …… 192

1 絵の大きさを変えてみよう …… 194
2 プログラムを短くしよう …… 202
3 画像を変えてみよう …… 207

第8章 ゲームをつくろう！
イベントとタイマーを使ってゲームをつくる ……… 216

1 現れたり消えたり ……… 218
2 タイマーを使ってみよう ……… 224
3 タイミングをランダムに変化させよう ……… 231
4 モグラをたたく ……… 237
5 点数を表示しよう ……… 245
6 ゲームオーバー！ ……… 253
7 最高点を表示しよう ……… 264
8 モグラを増やそう ……… 274

CHARACTERS

テントくん

犬。元気な男の子。いたずらが大好き。2本足でも4本足でも歩けるという特技をもっている。ボケとコスチュームを変えるのが趣味。好きな食べものはサンマ。

パオちゃん

ときどき体の色が変わるふしぎな猫。女の子。コンピュータやインターネットにくわしく、なんでも知っている。好きな食べものはいちごパフェ。

カレーくん

トド。テントくんと一緒にJavaScriptを学んでいる様子はなく、しかし話には出てくるナゾの存在。好きな食べ物はカレーライス。体がでかい。じつはおしゃべりだという噂が。

第1章

JavaScriptってなんだ？

プログラミングとJavaScript

　JavaScriptを実際に書いてみる前に、準備運動をしましょう。

　まず、JavaScriptはプログラミング言語なのですが、プログラミングとは何かについて考えてみましょう。プログラミング言語とはプログラムを作る言葉のことですが、プログラムって何だろう。ひとことで言えばとっても簡単な、だからこそ大事なことについて述べていきます。

　さらに、HTMLとCSSについて知りましょう。じつは、JavaScriptはこれらがあってはじめて存在できる言語だと言ってよいのです。また、HTMLとCSSなしで成り立っているウェブページはまったくない、と言っていいでしょう。それだけ一般化しているということです。最近は当然なのであまり言われなくなりましたが、「HTML5」とはHTML/CSS/JavaScript 3つが合わさったものを言うことがとても多かったのです。

THE TENTOKUN DAYS 1
背骨を伸ばせばいいのだ！

1-1 プログラミングとはなにか

プログラムってなんだろう？ 「プログラミング言語」とひとくちに言うけど、言語とはいうものの、たとえば日本語や英語、中国語など人間が話す言葉とは明確な違いがある。それはなんだろう？

●人間の言葉、機械の言葉

　プログラムとは、なにかをおこなうとき、どんな手順でおこなうか記したものです。

　運動会や学芸会などで、出し物のタイトルや順番などを記したものをプログラムと呼びます。コンピュータのプログラムも、基本的にはこれと同じものです。何が、どんな順番でおこなわれるかを記してあります。

　ただし、コンピュータのプログラムには、運動会のプログラムとは大きなちがいがあります。運動会のプログラムは、人が読んで理解できるようにつくられますが、コンピュータのプログラムは、まずコンピュータが読んで理解できるようにつくられるのです。

　プログラムを実行するのが人であるかコンピュータであるかによって、書きようは大きく変わってきます。人間が話しているような言葉は、基本的にコンピュータは理解することができませんから、コンピュータ向けのプログラムは、機械の言葉（機械語またはマシン語と呼ぶ）で記述しなければなりません。コンピュータ向けにプログラムをつくることを、プログラミングと呼びます。

●コンパイラとインタープリタ

　機械語（マシン語）とはこういうものです。

```
00100100001111100011010100011110101011100011010 10
```

どういう意味であるかは、これがどんな場面で語られたか、すなわち文脈によります。よく、「コンピュータは0と1で考える」と言われるのはこれです。あなたがコンピュータに向けてした命令——このアプリを開けとか、こういう文字を入力しろとか、ここにアクセスしろとか——はすべてこの形でコンピュータに伝えられることになります。

> こんなもん意味わかるか！
> 0と1しかないじゃないか！

これが理解できる人、機械語（マシン語）がわかる人は、いないわけじゃありません。これだって言葉ですから、その意味を把握できる人だっているのです。ただし、決して多くはありません。

世の中にはコンピュータ・エンジニアと呼ばれる人がたくさんおり、コンピュータを扱うことを職業にしていますが、その人たちのほとんどは機械語を理解していません。もっと人間にわかるような言葉で書いて、それを機械語に翻訳するのが一般的だからです。機械語に接する機会もほとんどありません。

人間にわかる言葉でプログラミングして、コンピュータにわかる形式に翻訳する方法はふたとおりあります。ひとつは、コンパイラというソフトウェアを使うこと。WindowsやMacなどのほとんどの部分をつくったプログラミング言語、C言語はこの方式です。逆にいえば、WindowsやMacはC言語で人間が書いたものが、コンパイラによって機械語に翻訳されて、動くようになったといってもいいでしょう。

コンパイラの特徴は、まとまって書かれたものを、一度に翻訳することです。コンピュータの上で動くOS（WindowsやMac）や、ソフトウェア（WordやExcel）など、大きなものを開発する際、よくもちいられます。

これにたいして、インタープリタと呼ばれるものがあります。これもコンパイラと同じく機械語への翻訳ソフトウェアですが、コンパイラと異なり、一行読んだら翻訳、もう一行読んだら翻訳ということをします。書いたものの結果

がすぐに出るので、インターネット上のソフトウェアやメンテナンスなどによく使われます。PerlやPythonなどが有名です。処理はコンパイラより時間がかかるといわれています。

● どうプログラミングするか

コンピュータはある側面では人よりずいぶんかしこいですが、ある側面では人よりずいぶん足りないのです。たとえばコンピュータは、命令したとおりに正確に、高速に、何度でも仕事をします。「この計算をしろ」と数式を1000個与えても、もくもくとその計算をし続けます。

しかし、人ならうまく動いてくれるような、おおざっぱであいまいな命令をすることはできません。たとえば、「このコップをあそこに持っていけ」といえば、小さな子供でもその命令を理解し、コップを運ぶでしょう。しかし、同じことをコンピュータにさせるとなると大変です。「コップはどこにあるか」「あそことはどこか」「持っていくとはどういうことか」いちいち説明してやらなければなりません。プログラミングは、正確に、あいまいな部分がないように行わなければならないのです。人に命令するより、ちょっとめんどくさいですよね。

1-2 HTMLとCSSとJavaScript

JavaScriptはHTMLそしてCSS、3つの言葉がひとつになったとき威力を発揮するものです。HTMLとは何か、CSSとは何か。そして、JavaScriptはそこでどんな役割を果たすのか。考えてみましょう。

●HTMLとCSS

　ウェブページには、主に3つの言葉がもちいられています。ひとつがHTML。Hyper Text Markup Language（ハイパー テキスト マークアップ ランゲージ）の頭文字をとったもので、ページの骨組みを決めるものです。骨のない人間がいないように、HTMLがまったく使われていないウェブページもほとんど存在しません。

tento.html

```
<html>
  <head>
    <title>テントくんだ！</title>
  </head>
  <body>
    <p>テントくんだ！</p>
  </body>
</html>
```

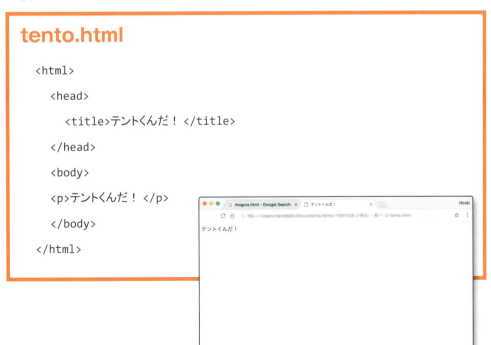

HTMLの基本的なルールとしては、まず<head>と<body>にわかれていること。そして、<p>テントくんだ！</p>のように、2つの<>ではさまれており、終わりは</>となっていること。このあたりの説明はここではしません。

> くわしくはTENTOの本
> 『12歳からはじめるHTML5とCSS3』を
> 見てね！

ページの骨組み以外の飾りの部分——色とか、大きさとか、文字のかたち（フォント）とかは、CSS（Cascading Style Sheetsの頭文字をとったもの）として記述するのがふつうです。

前に出てきたtento.htmlの中に、CSSを書き加えると……

tento.html

```html
<html>
  <head>
    <title>テントくんだ！</title>
    <style>
    p {
      color: red;
      font-size: 40px;
    }
    </style>
  </head>
  <body>
    <p>テントくんだ！</p>
  </body>
</html>
```

●CSSを書く方法

CSSは、書く場所が3とおりあります。

- **styleタグに書く**
- **インラインに書く**
- **外部ファイルに書く**

ひとつは、例のように`<style>`タグをつくって、その中に記入する方法。

インラインというのは、装飾したい部分のHTMLのタグ中に書き入れる方法。こんな感じです。

```
<p style="color: red;">テントくんだ！</p>
```

もうひとつは、.cssで終わるファイルを用意して、.htmlのファイルとは別にする方法です。基本的には、この方法がとられることが多いようです。

というのも、見る人の環境によって、ページの見え方は異なってくるからです。

同じウェブページでも、PCで見るときと、スマートフォンで見るとき、表示が違っていることに気づいた人もいるでしょう。PCとスマートフォンは画面の大きさがまるで違うため、PCで見るためのサイトはどうしても見づらいところができてしまいます。

そこで、多くのサイトは、PC用とは別に、スマートフォン用のウェブページをつくって公開しています。

このとき、もしHTMLファイルにすべてが書き込まれていたならば、PC用とスマートフォン用、ファイルを2つ用意しなければなりません。同じようなものをふたとおりつくらなければならないわけです。でも、HTMLとCSSがわかれていれば対応がかんたんになります。ページの構造と内容はそのままに、デザインだけを変えることができるからです。

もうひとつ、重要な理由があります。

ウェブページを見るのは、人だけではないためです。

たとえば、Googleの検索。Googleの検索システムは、Googleのソフトウェアがさまざまなリンクをたどり、ウェブ上からさまざまなことばを探しだして表示しています。これはあくまでGoogleのプログラムがおこなうので、人が直接、ページを選んでいるわけではありません。要するに、ウェブページは「機械が見るもの」でもあるのです。

その際、デザイン的な要素とページの構造がごっちゃになっていると、うまく検索できないことがあります。これは困るということで、CSSファイルは別にすることが多いのです。

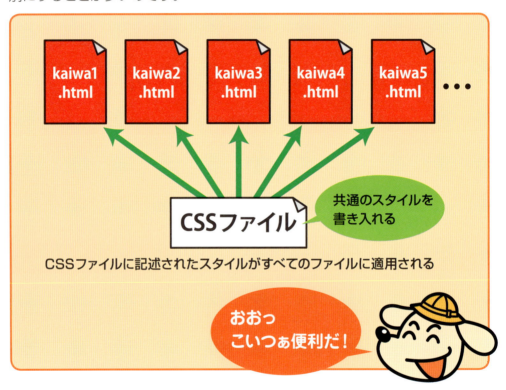

● **JavaScriptってなんだ**

ページを読み込むときにメッセージを表示したり、表示されているものの色やかたちを変えたりすることは、HTMLにもCSSにもできません。すごくわりきっていえば、HTMLとCSSは「表示するだけ」です。

JavaScriptは、そこに動きを与える役割があります。たとえば、ボタンを

クリックすると、それまで青だった背景が赤に変わる、というようなしくみを
つくることができるのです。

　じつは、ウェブページにはJavaScriptがあっちこっちに使われています。

　ブラウザ上のアイコンの上にマウスを置いたら、アイコンの色が変わる。選
択ボタンをクリックして、アンケートやクイズに答える。テキストボックス（文
字を書き入れるところ）に文字を入力すると、答えが返ってくる。そんなしく
み、見たことありますよね？　ウェブページにはこうしたしくみがたくさんあ
りますが、これらの多くは、JavaScriptによって提供されているのです。「動
き」がある……つまり、動的なウェブページです。

　たとえば、次のようなカレンダー。

Googleカレンダー

さまざまな予定やメモなどを書き加えていくことができる。

　ここでは、個人のさまざまな予定などを書き加えていくことができます。さ
らに、グループで予定を共有し、それを加えることもできます。見やすいよう
に、予定を種類ごとに分類して、色わけすることも可能です。

● ブラウザで動く言語

　前項でふれたように、プログラミングはふつう、人間にわかりやすい形で書
いて、機械の言葉に翻訳してコンピュータに命令を与えます。機械の言葉に翻
訳する機構としては、コンパイラとインタープリタがありました。

JavaScriptもプログラミング言語ですから、それを機械の言葉に翻訳して読み込ませなければなりません。ただし、特別にソフトを用意する必要はありません。

　JavaScriptでは、ブラウザがインタープリタの役割をしているのです。ブラウザはパソコンにもスマートフォンにも備えられているのがふつうです。プログラミングソフトをとくに用意しなくてもプログラミングできるのは、JavaScriptのメリットです。この本ではGoogle Chromeを使っていますが、Internet ExplorerでもEdgeでもFirefoxでも役割は同じです。

　なお、方法はのちほど説明しますがJavaScriptもCSSと同じく、ファイルをわけることが多くなっています。理由はCSSと同じ、ページの構造を示したものと、JavaScriptで書いたものをごっちゃにしないようにするためです。

結果としてフォルダの中には3種類のファイルが入っていることが多いです

●JavaScriptが実行される順番

　JavaScriptでつくったプログラム（ソースやコードあるいはソースコードとも呼ばれます）が実行される順番についてもふれておきましょう。

　JavaScriptは、上から下、左から右に読み取られて実行されていきます。横書きの文章を読む順番と同じです。そのため、命令を書く位置を変更すれば、処理される順番が変わります。

　今はまだ命令の順番はあまり関係ありませんが、かならずあとで「ああ、上に書いてあるから先に実行されるんだな」と思うときがあるはずです。

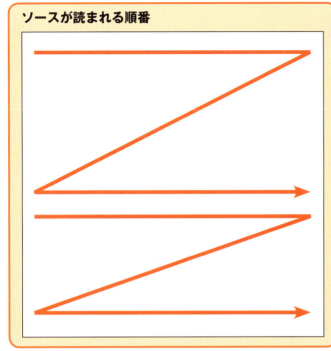

第1章

1-3 文字コードってなんだ

日本語が判読不能の文字列になって表示される「文字化け」。いろいろな要因が考えられますが、理由のひとつに、自分が表示したい文字コードと相手が見ているものが違っている、ということがあります。これをなくすには。

●文字化けとはなにか

「もう10年以上インターネットを使っている」

　そんな人にとっては、文字化けは「よくあること」でした。今は、見ることも少なくなっています。

　文字化けとは、正しく記したはずの文字が、判読不能な文字の羅列になってしまうことをいいます。メールやウェブページなど、「送る人」と「受け取る人」がいる場合に起こることが多いようです。

文字化けとはこういうものです。Chromeにはエンコードと呼ばれる機能がないのでこれはIEを使って表示しています

こんなの読めるか!!

JavaScriptってなんだ？

22

最初に述べたように、コンピュータは0と1で考えます。日本語を表示する際にも、文字を0と1にあてはめて表示しています。

　ところが、おかしなことが起こりました。01000111という同じ数字の列が、ある文字体系（文字コードという）では「赤」を表し、別の文字コードでは「青」を表し、また別の文字コードではまったく意味不明の文字を表す、というようなことが起こるようになってしまったのです。文字化けは主に、ある文字コードで書いた文字を、別の文字コードで表そうとしたときに起こります。

　だったら文字コードをひとつにすりゃいいじゃないか！

　まったくそのとおりで、そういう運動もあるんですが、なかなかまとめられませんでした。だって、そんなことしたら、つくり直さなきゃいけないページが大量に出てきちゃいますよね？　それは難しいぞ、というのが主な理由です。

　現在は、ブラウザ（ウェブページを表示するためのアプリ）の性能があがり、とくに文字コードを指定していなくても判別して表示してくれるようになりました。たとえば、Chromeというブラウザはある文字コードを別の文字コードで表示するしくみ（エンコード機能）を備えていません。以前はあったのですがなくなりました。必要ないと判断されたためでしょう。

●metaタグ

　ChromeやFirefox、EdgeやInternet Explorerなど、名の知れたブラウザを比較的新しいOSの上で使っていれば、ブラウザも最新のものになっていますから文字化けすることはほぼ、ありません。ただし、そうじゃない人もいます。たとえば、Windows XPを使っている人とか。するとブラウザが最新のものになりませんから、文字化けする可能性も高くなります。

> さすがに今Windows XPの人はいないんじゃないか？

> いえいえ、Windows XPはまだまだ現役です。Microsoftはずいぶん前からサポートしてないけどね

　文字化けするのは文字コードの判別を相手に任せてしまうからです。あらかじめ、このページはこの文字コードで見ろ、と指定しておけば、古いブラウザやあまり知られていないブラウザでも、文字化けすることは少なくなります。

meta.html

```
<!DOCTYPE html>     ← かならず入るおまじないみたいなもの
<html>
  <head>
    <meta charset="UTF-8">
    <title>テントくんだ！</title>
  </head>
  <body>
    <b1>テントくんだ！</b1>
  </body>
</html>
```

　meta.htmlは<meta>〜</meta>でUTF-8という文字コードが指定されています。すると、このページはどんな環境でもUTF-8で開かれるようになります。metaタグを使うことで、文字化けする確率はとても低くなります。

　本書ではこれ以降、metaタグは省略しますが、実際にはmeta.htmlのように、metaタグによって文字コードが指定されていると考えてください。ちなみに、ここで使われているUTF-8は、もっともよく使われる日本語文字コードと言われています。

1-4 サーバにあげろ！

この本ではJavaScriptの書き方を紹介し、単純なゲームの制作まで伝えたいと思っています。しかし、ただゲームをつくるだけでは、みんながそれぞれの環境で楽しめるようにはなっていません。

● アクセスできないページ

　この本ではJavaScriptを使った、さまざまなテクニックを紹介しています。この本に書かれたとおりに進んでいけば、あなたは最後にモグラたたきゲームをつくることになるでしょう。モグラをたたくと消えるし、点数は表示されるし、けっこう本格的なものです。

　ただしこのゲーム、友達にプレイしてもらうことはできません。なぜなら、あなたのパソコンにしか入っていないからです。一応URLは表示されますが、友達のパソコンでURLを打ち込んでも、たぶんこんなページが表示されてしまうでしょう。

Googleなどの検索エンジンでいくら検索をかけても、あなたのページは表示されません。制作したページを本当の意味で「ウェブページ」にしなくてはならないのです。

●クライアントとサーバ

　ウェブページの集まりWWW（ワールド・ワイド・ウェブ）は、クライアント／サーバモデルと呼ばれるシステムで成り立っています。クライアントとは、わたしたちユーザのPCやスマホなど、ウェブページをふくめ、ウェブ上のサービスを提供され、利用するマシンのことです。

　たとえば、Googleの検索システムを利用したいとき、わたしたちは検索サイトhttps://www.google.co.jp/にアクセスします。

　このときに起きているメカニズムを図にすると、こうなっています。

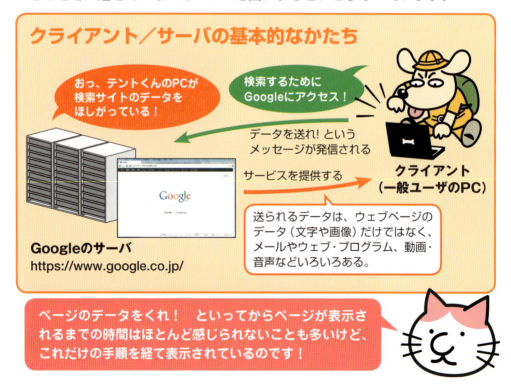

　したがって、あなたがつくったゲームをみんなにプレイしてもらうには、ちょうどGoogleの検索システムと同じような場所（サーバ）にあなたのファイ

ルを置かなければなりません。一般にはサーバをレンタルし、FTPクライアントソフト（単にFTPソフトともいう）と呼ばれるソフトウェアでアップロードします。日本人の開発になるFFFTPなどが人気のあるFTPクライアントソフトです。

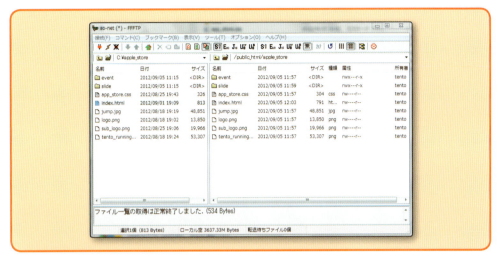

FFFTPの詳しい使い方や
サーバに関する情報などは
『12歳からはじめるHTML5とCSS3』を
見てね！

次からは
いよいよJavaScript
プログラミングだぞ！

第2章 プログラミングしてみよう

「条件分岐」ってなんだろう

　この章では、JavaScriptの……というより、ほとんどのプログラミング言語で土台となっている考え方をお伝えします。ひとつは「変数」と呼ばれるもの。「数」という名前がついていますが、変数に入れられるものは数字だけではありません。モノの名前など、数字でないものも入ります。

　条件分岐という考え方も重要です。たとえば、わたしたちはふつうに、「雨が降ったらこうしよう」と考えています。これをくわしく言うと、「雨が降ったとき」「降らないとき」それぞれの場合について行動をシミュレーションしているということです。これを、条件分岐と呼んでいます。プログラミングではたいへん一般的な考え方です。ここでは、そんな「プログラミングの土台」を見ていきましょう。

THE TENTOKUN DAYS 2
山びこみたいに

JavaScriptはHTMLなどとは異なり、「動き」を表現することができるプログラミング言語。まずはとても簡単なプログラムから書いてみましょう。あなたがつくるはじめてのプログラムです！

● JavaScriptの特徴

　JavaScriptは、HTMLやCSSとはちがって、本格的なプログラミングができるプログラミング言語です。

　HTMLとCSSには、「動き」がありませんでした。青を指定したら色はどこまでいっても「青」。四角を指定したら形はどこまでいっても「四角」。青を黄色にしたり、四角を丸に変えたりはできませんでした。

　JavaScriptは、すでに表示されているHTMLやCSSに「動き」を与え、変化させることができます。青を緑や黄色に変えることはもちろん、画像がクルクル回ったり、自動車の絵が走りだしたりするアニメーションをつくることもできます。プログラミング言語ですから、複雑な計算をこなすのも得意中の得意です。

　JavaScriptをマスターすれば、「ブラウザの中」はもちろん、サーバとよばれるコンピュータの中で動くプログラムもつくれるようになります。ここで扱うのは、その初歩の初歩。本章のねらいは、「プログラミング」とはどんなものか、どうやってつくるかを知ってもらうことです。

● こんにちは世界

　JavaScriptとはなにかを知るために、まずは書いてみましょう。むずかしくはありません。

HelloWorld.htmlのソース

```html
<html>
  </head>
    <title>hello</title>
  </head>
  <body>
    <script>
    alert("hello,world");
    </script>
  </body>
</html>
```

This page says:

hello,world

OK

　HelloWorld.html という名前でファイルを保存して、HelloWorld.html を
ダブルクリックしてページを開いてみましょう。これは「ページを開いたとき
アラートが出る」という動きを表現しています。
　「hello, world」は直訳すると「こんにちは世界！」という意味。

　コンピュータがまだめずらしかったころに、C言語の開発者カーニハンと
リッチーが『プログラミング言語C』という本を書きました。プログラミングの
古典的名著とされていますが、この本の最初のほうに、「C言語でつくるもっ
とも簡単なプログラム」として紹介されているのが、この「hello, world」です。

　これ以降、多くのプログラミング言語の解説書が「hello, world」の紹介から
はじまることになりました。

　この本でも、「最初のプログラム」として、
この故事にならってみたのです。

キミが書くはじめての
プログラムだぞ！

●scriptタグ

JavaScriptのプログラムは、<script>〜</script>の間に書いていくことになります。この例では、一行だけ。

```
alert("hello, world");
```

alertとは、メッセージを通知するという意味。これは、「hello, world」という文字を表示せよ、という命令です。以降は、特別な断りのないかぎり、<script>〜</script>の間に記述するコードのみ掲載していきます。

Scriptタグの中だけ見せるぜ！

Javascriptの部分だけを見せていくってことね

大切なのは、文末が；(セミコロン)になっていること。JavaScriptでは;が文末を表します。「文の終わりはセミコロン」と覚えてしまってもいいでしょう。

●alertのなかまたち

alertを「アラートダイアログ」とも呼びます。

ダイアログというのは、対話を意味する dialogueからきています。人とコンピュータが対話するためのウィンドウのことをダイアログボックス(dialog box)と呼んだことから、このようなメッセージを表示するウィンドウのことをダイアログと呼ぶようになりました。

対話！

対話するって大事だよね

alertのなかまたちを紹介します。promptとconfirmです。

　まずは prompt、こちらは文字入力ダイアログです。prompt（プロンプト）とは、コンピュータが入力を待ち受ける状態のことで、メッセージといっしょに、入力を受け付けるダイアログが表示されます。

　confirmは確認ダイアログです。confirm（コンファーム）とは、確認するという意味。[OK]ボタンと[キャンセル]ボタンのあるダイアログが表示されます。

　alert は、一方的に表示するだけでした。prompt と confirm は、入力を受け付けることができます。

　このように、コンピュータへ入力することをinput、出力することをoutputと呼びます。入力と出力をあわせて、入出力といいます。

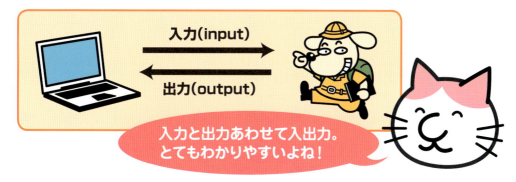

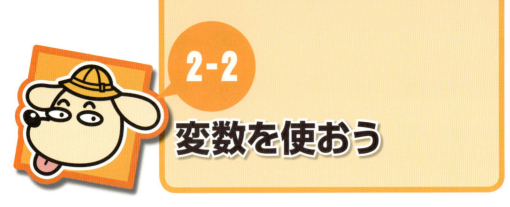

2-2 変数を使おう

ユーザから受けつけた入力は、「変数」をつかってたくわえておくことができます。変数は「var」という言葉を使います。変数には「数」という言葉がついていますが、扱うのは数字だけではありません。

●変数ってなんだ？

　confirm や promptで受けつけた入力は、『var』（「バー」と読みます）を使って記憶しておき、あとで利用することができます。入力をたくわえておくことができるのです。これを「変数」と呼びます。

　varはvariable（バリアブル）の訳。「変数」とは「ヘンな数」という意味ではありません。「変えられる数」ということです。

　数学では、y = 5x なんて式が出てきます。この場合の y や x は、自由に変えることができました。こうした記号を数学では変数と呼んでいます。学校で習っているのは算数で数学なんて知らないよ、という人は、そういうものがあるんだ、ぐらいに考えてください。

　プログラミングにも変数があります。y や x に自由に数字を入れられるように、なんでも入れることができます。数学では数字だけですが、プログラミングでは文字もまるっと入れられます。変数をつかえば、同じことを何度も書かないですむのです。

● 変数の宣言

変数はこんなふうに「宣言」してから使います。

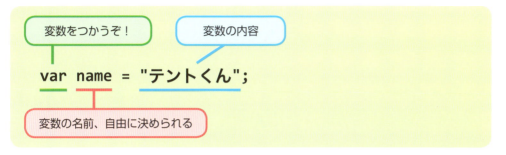

「宣言」とは「変数をつかうぞ！」ということです。varと書いて、つぎに書くのは変数の名前です。ここでは、name という名前をつけています。

name は何を表しているかというと、"テントくん" という文字列(string)、つまり「テントくん」という文字で表された言葉です。以降、「テントくん」と書く必要はありません。'name'とだけ書けば、同じものを表します。

name は自分で決めた名前です。変数は基本的に、どんな言葉を使ってもよいことになっています。ただ、使ってはいけない言葉もあります。あとでくわしくふれますが、これを「予約語」と呼びます。

変数は予約語以外ならどんな言葉を使ってもいいのです。したがって、変数はaho でも baka でも hensuuwairodesu でもいいわけです。数学ふうに x とか y とかを使ってもかまいません。ただし、見ただけで内容がなんとなくわかるものの方が、たくさん出てきたとき（長いプログラムには変数がたくさん出てきます）、あとで、わけがわからなくなりにくいようです。

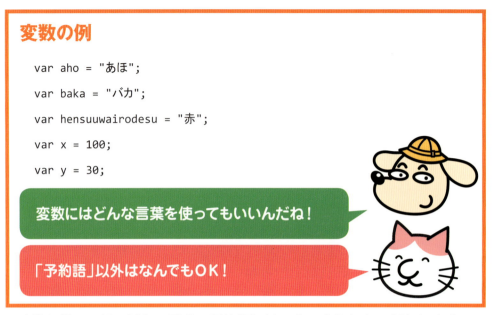

変数に使ってはいけない言葉＝予約語には、次のようなものがあります。

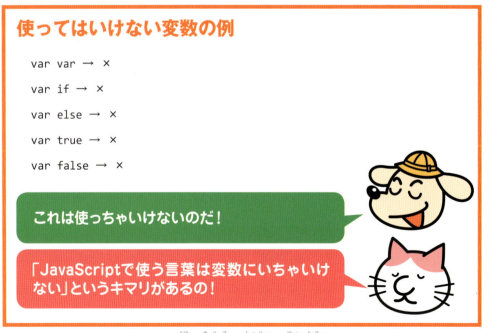

　varや、これから紹介するif、else、true、falseなども、JavaScriptで使用する言葉なので予約語になっています。基本的にはJavaScriptで使う言葉は変数で使えないのです

●名前プログラムをつくる

prompt や confirm を使って名前プログラムをつくってみましょう。下の例のように、新しく jikoshokai.html をつくって、その中にソースを書き込んで保存しましょう。

jikoshokai.htmlをダブルクリックしてブラウザで表示すると、順番にダイアログが表示されて、最後は、「こんにちは！ ○○さん」と表示されます。○○は、自分で入力した名前ですよ。

jikoshokai.htmlのソース

```
<script>
  var name = prompt("おなまえは？");
  confirm(name + "でいいですか？");
  alert("こんにちは！" + name + "さん");
</script>
```

こんなプログラムです。

①「おなまえは？」と質問する

聞かれたら自分の名前を答えるのだ！

②「○○でいいですか？」と確認する

入力された名前が正しいかどうか確かめる

③「こんにちは！ ○○さん」という

名前を聞いてあいさつするプログラムだ！

　なお、図の「Prevent this page from creating additional dialog」は、「これ以上ダイアログをつくらない」という意味になります。ここにチェックを入れると、ダイアログ・メッセージが表示されなくなります。（つまり、プログラムが動作しなくなってしまいます！）

　この例では、prompt("おなまえは？ "); で入力された名前を、いったんname という入れ物に入れておいて、あとで利用しています。
　このように、いったん入れておく入れ物を変数といい、変数に入れておくことを代入といいます。
　ちなみに、prompt で入力された名前のように、なにかの命令を実行したとき、返ってくる値のことを、返り値とか戻り値とかいったりします。
　返り値を受け取ることで、プログラムの実行結果や計算結果を受け取ることができるわけです。

promptでユーザに入力を求めることができます

2-3 もし〜だったら

「もし〜だったら○○する」という表現は、プログラムだけではなく、私たちの生活の中にもあります。たとえば「もし雨だったら○○」という表現は、よく使われますね。これをJavaScriptで表現したのがif文です。

●もし信号が青だったら

「もし〜だったら」という表現は、プログラムでたいへんよく使われます。ここでは、それをお伝えすることにしましょう。

じつは、プログラムと同じような行動を、わたしたちもしています。たとえば信号。もし信号が青だったら「進む」。赤だったら「止まる」。「もし〜だったら」は、そういう人間の行動を、プログラムで表現したものと考えることができます。

> 信号が青なら進む、赤なら止まる。
> べつに珍しいこっちゃねえよな

プログラミングでは、「もし〜だったら」を if という文で表現します。

たとえば、「もし天気が雨だったら、家でゲームをする」は、次のようにあらわします。

```
if（天気が雨だったら）{
    家でゲームする
}
```

> もし雨だったら
> ゲームをする

> アンタは晴れてても
> ゲームじゃないの！

いいかえるとこんな感じです。

```
if (条件) {
  処理1
}
```

if のあとの (条件) にあてはまると、{処理1} の中の処理が実行されることになります。

●true と false

prompt は、質問に対する答え(返り値)は入力された言葉でした。

confirm は、true(トゥルー)とfalse(フォールス)を返り値として返します。true は、真という意味。falseは偽という意味です。くだけた言い方をすると、trueは「正しい」、falseは「正しくない」ということを表します。

たとえば、次のようにプログラムで質問してみます。

otokonoko.html
```
var kakunin = confirm("テントくんは、おとこの子でしょうか？");
```

otokonoko.htmlをダブルクリックしたとき表示されるダイアログで、「OK」をクリックすると、変数 kakunin にtrueが入ります。「キャンセル」をクリックすると、falseが入ります。

●同じか、否か

ifは「もし～だったら」という条件を出すものでした。

confirmはtrueまたはfalseを返すものです。これを使って、「OK」をクリックしたとき「正解！」と表示するプログラムをつくってみます。

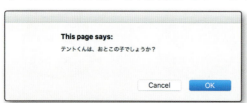 

otokonoko.html

```
var kakunin = confirm("テントくんは、おとこの子でしょうか？ ");
if (kakunin == true) {
    alert("正解!");
}
```

おとこの子かどうかを
聞くプログラムだ

ここでは、==という表現が使われています。これは、「右と左が同じ」ことを表しています。異なるときは、!=というふうに書きます。

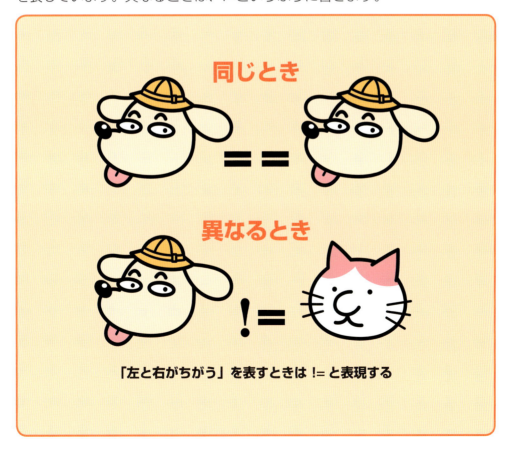

「左と右がちがう」を表すときは != と表現する

●もし〜だったら〜する！

では、これまでに出てきたprompt と confirmを使って、かんたんなプログラムをつくってみましょう。次のようなものです。

① まず、相手の名前を聞く。

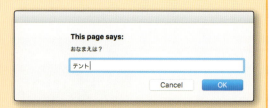

② 入力されたものでいいかどうか、確認する。
例の場合は「テント」。

③ 「OK」なら「こんにちは！ ○○さん」という。

「OK」と答えると
あいさつしてくれるんだね！

ソースは次のようになります。

shokai.html

```
<script>
  var name = prompt("おなまえは？ ");
  var kakunin = confirm(name + "でいいですか？ ");
  if (kakunin == true) {
    alert("こんにちは！ " + name + "さん");
  }
</script>
```

●もし〜でなかったら

　この例では、「OK」ボタンを押すと confirm から true が返ってくるので、「こんにちは！ ○○さん」と表示されます。

　でも、「キャンセル」が押されたら？ 何も起きません。当たり前です、ソースに何も書いてないのですから！「キャンセル」されたときに別のセリフを出すようにしたいものです。

　そこで登場するのが、else です。

　elseは、「さもなくば」という意味です。ifとともに、「もし〜でなかったら」という条件を表します。

　では、さきほどのプログラムshokai.htmlに、「キャンセル」を押したときの動作を書き加えてみましょう。

　流れは次のようになります。

　ここまでは同じです。「キャンセル」が選択されたときに、以前とは違うメッセージを出せるようにします。

③「OK」なら「こんにちは！ ○○さん」という
「OK」ではないなら「○○さんじゃないのね」という

ソースは次のようになります。

shokai2.html

```
<script>
  var name = prompt("おなまえは？ ");
  var kakunin = confirm(name + "でいいですか？ ");
  if (kakunin == true) {
    alert("こんにちは！ " + name + "さん");
  } else {
    alert(name + "さんじゃないのね。");
  }
</script>
```

この例では、「OK」が押されたか「キャンセル」が押されたか、つまり、confirm から true が返ってきたか、true でなかったか、を判定しています。

```
if（条件）{
  処理1
}else {
  処理2
}
```

ifのあとの(条件)に入る条件にあてはまらないと、{処理1}はおこなわれず、elseのあとに書かれた{処理2}が実行されることになります。
　これを条件分岐と呼びます。要するに、ユーザが何を入力するか(この場合「OK」と「キャンセル」どちらを選ぶか)によって、処理を変えていくわけです。
　このようにして、「〜だったら」「〜でなかったら」という条件にしたがって実行するプログラムをつくることができます。
　もしAのドアを開けたら、お宝をゲット！ さもなくば(Bのドアを開いたら)お化けが出る！ というようなしくみをつくることができるのです。

obake.htm

```
if (Aを開いた) {
    お宝をゲット！
} else {
    お化けが出た！
}
```

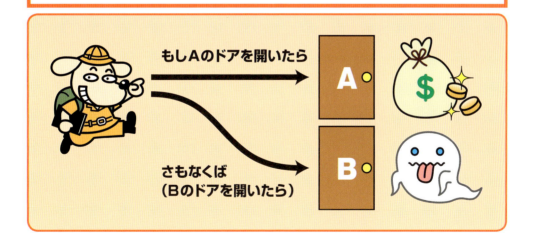

2-4 クイズをつくろう！

ifを使えば、条件分岐をつくることができます。ところが、条件が多くなってくると、プログラムが複雑になってしまう！ 複雑になればなるほど、ミスが入り込む確率は高くなるもの。シンプルにいくには？

●パンダのクイズ

ここまで学習した事項を応用してクイズをつくってみましょう。

① 「おなまえは？」と質問する

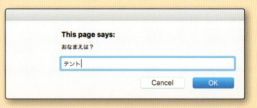

② 「とつぜんですが問題です。パンダのしっぽは何色？」ときく

③ (A) 「白」なら「正解。」という

(b)「白」ではないなら「○○さん、残念。白でした！」という

「白」でなければみんなまちがいになります

うーん、「白色」とか「ホワイト」も
まちがいなのか……

quiz.html

```
<script>
  var name = prompt("おなまえは？ ");
  var sippo = prompt("とつぜんですが問題です。パンダのしっぽは何色？ ");
  if (sippo == "白") {
    alert("正解。");
  } else {
    alert(name + "さん、残念。白でした！ ");
  }
</script>
```

●さらに問題を重ねるクイズ

パンダ問題に続けて、さらに問いを続けてみましょう。基本的には、パンダ問題と同じです。正答のときは「正解。」と答え、そうでなければ「○○さん、残念。●●でした！」と返します。

quiz2.html

```
<script>
  var name = prompt("おなまえは？ ");
  var sippo = prompt("とつぜんですが問題です。パンダのしっぽは何色？ ");
  if (sippo == "白") {
    alert("正解。");
  } else {
    alert(name + "さん、残念。白でした！ ");
  }
  var kuni = prompt("では、世界で一番大きい国は？ ");
  if (kuni == "ロシア") {
    alert("正解。");
  } else {
    alert(name + "さん、残念。ロシアでした！ ");
  }
  var keisan = prompt("最後の問題です。7 × 8 = ？ ");
  if (keisan == "56") {
    alert("正解。");
  } else {
    alert(name + "さん、残念。56 でした！ ");
  }
  if (sippo == "白") {
    if (kuni == "ロシア") {
```

```
            if (keisan == "56") {
                alert("全問正解おめでとう！！ すごいよ" + name + "さん");
            }
        }
    }
</script>
```

クイズの流れは次のようになります。

① 「おなまえは？」と質問する
② 「とつぜんですが問題です。パンダのしっぽは何色？」と質問する
③ 「白」なら「正解。○○さん」という
　 「白」ではないなら「○○さん、残念。白でした！」という

④ 「では、世界で一番大きい国は？」と質問する
⑤ 「ロシア」なら「正解。○○さん」という
　 「ロシア」ではないなら「○○さん、残念。ロシアでした！」という

⑥ 「最後の問題です。7 × 8 = ？」と質問する
⑦ 「56」なら「正解。○○さん」という
　 「56」ではないなら「○○さん、残念。56でした！」という
⑧ 全部正解なら、「全問正解おめでとう!!すごいよ○○さん」という

●全問正解のときは

　これだけ次々と問題を出して、そのすべてに正解するのはすごいですね。ここでも、ほめちぎるプログラムを加えています。最後の記述がそれです。

　次のようなかたちになっています。

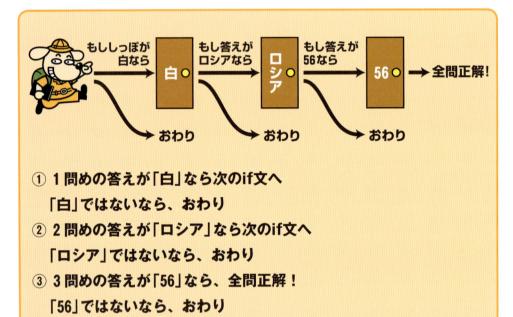

① 1問めの答えが「白」なら次のif文へ
　「白」ではないなら、おわり
② 2問めの答えが「ロシア」なら次のif文へ
　「ロシア」ではないなら、おわり
③ 3問めの答えが「56」なら、全問正解！
　「56」ではないなら、おわり

プログラムで書くと、こんな感じです。

quiz2.html

```
if (sippo == "白") {
  if (kuni == "ロシア") {
    if (keisan == "56") {
      alert("全問正解おめでとう！！ すごいよ" + name + "さん");
    }
  }
}
```

こういう、if 文を何重にも重ねるやり方を、入れ子と呼びます。英語では nest（ネスト）といって、あんまり喜ばれません。ここでは問題が3つだからこれだけで済んでいますが、問題が10とかになると、ifが10並ぶことになります。if文のお化けです。当然のこと、ミスが入りやすくなりますし、ミスを見つけるにもたいへんな苦労をしなければなりません。
　もう少し簡単に書く方法はないだろうか？

●ANDで並べる

　じつはこれ、次のように書き表すことができます。

quiz2.html

```
if (sippo == "白" && kuni == "ロシア" && keisan == "56") {
    alert("全問正解おめでとう！！　すごいよ" + name + "さん");
}
```

　これでも結果は同じです。ずいぶんスッキリしました。この方法なら、問題が10個になってもそんなに複雑にならずに済みそうです。
　ここで出てきているのが、「&&（アンド）」というものです。if文の条件には、== や != 以外にも、&& や || という記号を使うことができます。
　「Ａ && Ｂ」と書くと「ＡかつＢ」という意味です。わかりやすく説明しますと……。

この場合、「&&」の右側に表示されたテントくんとパオちゃんは、同じではないですよね。ゆえに、「正しくない」。全部が正しくないと「正しい」と判定しないのが「&&」です。

　表であらわすと次のようになります。

A	記号	B	答え
正しい	&&	正しい	正しい
正しい	&&	正しくない	正しくない
正しくない	&&	正しい	正しくない
正しくない	&&	正しくない	正しくない

●ANDとOR

　「&&」(AND)とセットで紹介されるのが、「||」(OR)です。「A || B」と書くと「AまたはB」という意味になります。

　ANDの場合、答えが「正しい」になるためには、両方が「正しい」でないとダメでした。ところが、「||」の場合、片方でも「正しい」なら、こたえも「正しい」になります。

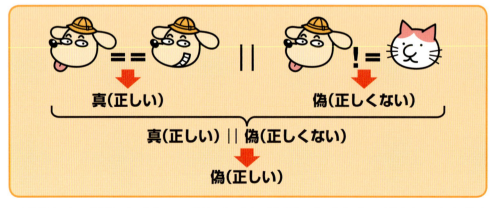

　このとき、「テントくん == テントくん || テントくん != パオちゃん」ですから、正しいのは左側だけです。つまり、「正しい || 正しくない」となりますが、これは、『正しい、または、正しくない』という意味です。この場合は『正しい』となります。

表であらわすと次のようになります。

A	記号	B	答え
正しい	||	正しい	正しい
正しい	||	正しくない	正しい
正しくない	||	正しい	正しい
正しくない	||	正しくない	正しくない

プログラムで確認することもできます。

or.html

```
<script>
  if ("テントくん" == "テントくん" || "テントくん" != "パオちゃん") {
    alert("正しいよ");
    // if 文の条件が正しければ、「正しいよ」と表示されます。
  } else {
    alert("正しくないよ");
    // if 文の条件が正しければ、「正しくないよ」と表示されます。
  }
</script>
```

これは「||」で表記されていますから、「正しい」ものがどちらかに書かれてあればよいのです。

したがって結果は、

になります。

なお、プログラム中「//」で書かれたものは、「コメント」といいます。プログラムの理解を助け、誰か他人が見てもわかりやすくしてくれます。「//」以降に書いたものはコンピュータは実行しません。

　ちなみに、&&の「&」は、一語でもアンパーサントとかアンドと読み、別の役割をもつ記号です。すなわち、「&」とひとつだけ書かれていたら別の意味です。||の「|」も同じように、ひとつだと別の意味を持ちます（バーティカルラインまたは縦棒という）。if 文の条件に使うときは、かならず「&&」とか「||」というふうに 2 つが連続しているもの。間違わないようにしましょう。

コラム

＝ と ＝＝

　算数や数学では、イコール（=）が、等しいとか等価であるという意味です。

　しかし、JavaScript やプログラミング言語の多くは、イコール（=）は、変数に代入するという意味で、イコールイコール（==）が、同じであるという意味です。最初はまぎらわしく感じるかもしれませんが、代入はイコール、比べるときはイコールイコールとおぼえておくと良いかもしれません。

　ちなみに、一部のプログラミング言語では、数学と同じ意味でイコールを同じであるという意味とするものもあります。

2-5 計算しよう！

計算問題の答えがこちらで簡単に出せるなら、つくるのも簡単です。計算問題がたいへんなのは、答えを自分で計算しなければならないからです。計算はコンピュータにやらせてしまいましょう！

●コンピュータは計算機

　前項のクイズでは、三問目を 7 × 8 = ? という計算問題にしました。ここでは、他にも計算問題をつくることを考えます。ただ、前項と同じ方式だと、計算問題をつくったら、かならずその答えも出しておかなければならないですよね。とてもめんどくさい。

　もともと、コンピュータというのは、計算機から発達したものです。したがって、計算は大の得意。いっそ、コンピュータに計算させてしまいましょう。それなら、どんな複雑な問題もつくることができます。

●足し算と引き算

JavaScript には、もちろん足し算や引き算ができます。

```
<script>
  alert(1 + 2);
</script>
```

答えを出してくれます。

もちろん引き算だって可能です。

```
<script>
  alert(2 - 1);
</script>
```

ただし、数字が大きくなってくるとそうも言ってられません。

```
<script>
  alert(9876583581 + 1098403980);
</script>
```

むろん、コンピュータなら一瞬にして計算できてしまいます。

こんなのを1秒間に何百回も何千回も計算できてしまうんですから、計算力だけなら、人間はコンピュータにかないっこないですね。

●かけ算とわり算

次は、かけ算とわり算です。JavaScriptでは、かけ算やわり算の記号は、「×」や「÷」ではなく、「*」や「/」と書きます。「*」はアスタリスクと読み「かける」を表す記号です。「/」はスラッシュと読み「わる」をあらわす記号です。

keisan1.html

```
<script>
  alert(7 * 8);
</script>
```

もちろん、暗算ではできないような計算も、コンピュータにはお手のものです。

読み方もわかんないすげえ数字だ……

●面積を計算する

これを面積の計算に応用してみましょう。

たて3センチ、よこ4センチの四角形の面積は？ 暗算でできちゃうような簡単な問題ですが、プログラムに書いてみましょう。

menseki.html

```
<script>
  var menseki = 3 * 4;
  alert(menseki + "平方センチメートル");
</script>
```

ただし、これだと書いてる本人しかやってることがわからないですね。
以前、クイズで正解を判定したように、if 文をつかって判定してみましょう。
まず問題があって……

正解のときは正解と言ってくれます。

間違いのときはそれを指摘してくれます。

mensekimondai.html

```
<script>
  var menseki = prompt("たて3センチ、よこ4センチの四角形は？");
  var seikai = 3 * 4;
  if (menseki == seikai) {
    alert("正解。");
  } else {
    alert("残念。正解は、" + seikai + "平方センチメートルです。");
  }
</script>
```

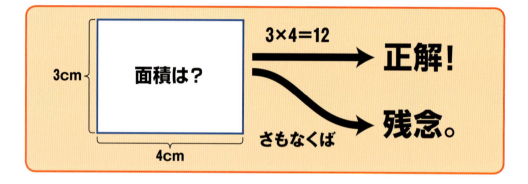

●計算問題をつくろう

では、この調子で計算問題をつくっていきましょう。パターンはこんな感じです。

まず問題があって……

正解のときは正解と言ってくれます。

This page says:
55 です。正解。
Prevent this page from creating additional dialogs.
OK

間違いのときはそれを指摘してくれます。

This page says:
残念。正解は、55です。
Prevent this page from creating additional dialogs.
OK

keisanmondai.html

```html
<script>
  var keisan1 = prompt("3 + 52 = ? ");
  var seikai1 = 3 + 52;
  if (keisan1 == seikai1) {
    alert(keisan1 + " です。正解。");
  } else {
    alert("残念。正解は、" + seikai1 + "です。");
  }
  var keisan2 = prompt("596 - 493 = ? ");
  var seikai2 = 596 - 493;
  if (keisan2 == seikai2) {
    alert(keisan2 + " です。正解。");
  } else {
    alert("残念。正解は、" + seikai2 + "です。");
  }
  var keisan3 = prompt("123 × 4 = ? ");
  var seikai3 = 123 * 4;
```

```
    if (keisan3 == seikai3) {
      alert(keisan3 + " です。正解。");
    } else {
      alert("残念。正解は、" + seikai3 + "です。");
    }
    var keisan4 = prompt("121 ÷ 11 = ? ");
    var seikai4 = 121 / 11;
    if (keisan4 == seikai4) {
      alert(keisan4 + " です。正解。");
    } else {
      alert("残念。正解は、" + seikai4 + "です。");
    }
    var keisan5 = prompt("100メートルを10秒で走る人の速さは時速？ キロメートルですか。");
    var seikai5 = 100 / 10 * 60 * 60 / 1000;   // 秒速×60×60＝時速、1000メートル＝1キロメートル
    if (keisan5 == seikai5) {
      alert(keisan5 + " です。正解。");
    } else {
      alert("残念。正解は、時速" + seikai5 + "キロメートルです。");
    }
  </script>
```

はじめは簡単ですが、だんだん難しくなります。最後の問題はかなり難しいですね。

できるかこんなの！

プログラム書くほうがずっと簡単だよ！

★やってみよう！

この問題に全問正解した人をほめちぎるプログラムを書いてみよう。ヒントは前項。

第3章

ぐるぐる くりかえす

forやwhileでくりかえしを表現する
（フォア　ホワイル）

　わたしたちの日常には、たくさんのくりかえしがありますね。「毎朝ゴハンを食べる」「学校に行く」のもくりかえしです。コンピュータはくりかえしがとても得意です。この章で紹介するのは、たとえば「前の数字に1足し続ける」というようなくりかえしです。指定されなければ、コンピュータはこれを永遠にやり続けます。1年でも、10年でも！

　当然、「前の数字に1を足す」作業にはゴールが必要になります。たとえば「数字が100になったらやめる」とか、「1日たったらやめる」とか。さらに、「この計算をやってる間は1足す作業をしない」など、作業を中断することもできます。じつは、上手にくりかえしを使うことが、上手にプログラミングする近道なのです。

　ここでは、その初歩をご紹介します。

THE TENTOKUN DAYS 3
くりかえしってこういうこと？

第3章

3-1 「くりかえし」ってなんだろう

「くりかえし」はプログラムに不可欠な要素。「くりかえし」があるのは、JavaScriptだけではありません。ここでは、for文を用いて、くりかえしを表現してみましょう。

● 「くりかえし」ってなんだろう

　前章ではif文というしくみを使って、「もし～だったら」という形で場合わけをすることを学びました。

　ここでは「くりかえし」について学びます。

　くりかえしの意味をわからない人はいないでしょう。何回もおんなじことをする。それが「くりかえし」です。

　くりかえしの表現があるのは、JavaScriptだけではありません。すべてのプログラミング言語、と言ってもいいぐらいに、あらゆる言語にあります。それだけ必要なものだということです。なんで？

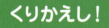
くりかえし！

　コンピュータに仕事をさせるには、何をさせるのか、あらかじめ「コンピュータに与える命令書」に書いておく必要があります。これがプログラムです。プログラムを書くことをプログラミングといいます。

　かりに、コンピュータに100の仕事をさせたいとしましょう。そうすると、

命令書（プログラム）に100個の命令を書きつらねなければならないのでしょうか？

うへー！めんどくせー！

コンピュータは、人間にやらせたら面倒な仕事、時間がかかってしまうような仕事をやらせるものです。にもかかわらず、100個の仕事を100個書かなければならないとすると、面倒くささは大して変わってないですね。かえって余計な手間が増えているかもしれません。

こんなとき利用されるのが「くりかえし」です。

くりかえしを使えば、コンピュータが何度でも同じことをやってくれます。100回でも、1000回でも、1万回でも、無限でも！　それだけやらせたら人間ならかならずミスが出ますが、コンピュータは（プログラムが正しいかぎり）間違えることはありません。

●計算しよう

人間がやるとミスが多発して、同じことをコンピュータにやらせるとまず間違いないのは、計算です。まずは、おさらいもかねて、簡単な計算のプログラムを書いてみましょう。

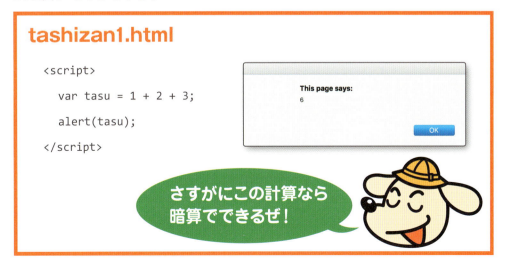

tashizan1.html

```
<script>
  var tasu = 1 + 2 + 3;
  alert(tasu);
</script>
```

さすがにこの計算なら暗算でできるぜ！

ただし、数字の数が多くなってくると、ちょっと面倒です。

tashizan2.html

```
<script>
  var tasu = 1 + 2 + 3 + 4 + 5 + 6 + 7 + 8 + 9 + 10;
  alert(tasu);
</script>
```

うむむむ
これを暗算するのは
厄介だぞ……

　数字の数が増えると、プログラムを書く方もたいへんです。たとえば、上の例では「１から10までの数を足す」という計算をしています。このぐらいなら書こうとすれば書けますが、「１から100までの数を足す」となると……。

tashizan3.html

```
<script>
  var tasu = 1 + 2 + 3 + 4 + 5 + 6 + 7 + 8 + 9 + 10 + 11 + 12 +
  13 + 14 + 15 + 16 + 17 + 18 + 19 + 20 + 21 + 22 + … ;
  alert(tasu);
</script>
```

　ちょっと書けないですよね。相当たいへんです。ちなみに、上のプログラムはまともに表示されません。JavaScriptには「22 + …」なんて表現はないし、かりにあったとしても、これでは「１からいくつまで足すのか」がわかりません。「１から100までの数を足す」のか、「１から50までの数を足す」のか、「１

から1000までの数を足す」のか、書いていないからです。

コラム

ここでは、計算プログラムの答えをalertの中に表示させるために、変数tasuを使いました。

tashizan1.html

```
<script>
  var tasu = 1 + 2 + 3;
  alert(tasu);
</script>
```

じつはこれ、計算式を直接 alert の中に書いてもいいのです。

tashizan-alert.html

```
<script>
  alert(1 + 2 + 3);
</script>
```

ちょっとした計算なら、こっちの方が手間がかからないですよね。

●forを使ってくりかえす

さきほど、次のような計算プログラムを書きました。

tashizan2.html

```
<script>
  var tasu = 1 + 2 + 3 + 4 + 5 + 6 + 7 + 8 + 9 + 10;
  alert(tasu);
</script>
```

これは、「1の次は2、2の次は3」のように、左の数字より1大きい数を足していっています。1大きい数を足す計算は、どこまでもやるのではなくて、10までやる(11以上はやらない)ということが決まっています。

これはくりかえしに用いるforを使って、こんなふうに表すことができるのです。

forbun1.html

```
<script>
  var tasu = 0;
  for (var i = 1; i <= 10; i = i + 1) {
   tasu = tasu + i;
  }
  alert(tasu);
</script>
```

このプログラムで使用しているforについて考えてみましょう。
forは、次のように使うのがふつうです。

```
for (最初の式; 条件の式; くりかえしの式) {
    くりかえすプログラム
}
```

ここでは、まずはじめにtasu という変数を用意して、それを 0 にしています。

```
var tasu = 0;
```

次に、forのあとの()の中を書き入れています。
「最初の式」でi という変数を指定しています。この場合は「1 から10まで足す」ですから、iは1になっています。

```
最初の式 var i = 1
```

続いて、「条件の式」です。

```
条件の式 i <= 10
```

これは、変数 i が 10 より小さいか等しい間、「くりかえし」の処理をおこなうという意味です。

なるほど、10より大きい数、15とか書いちゃいけないんだ 意味が変わっちゃうもんな

何回くりかえすのかここで指定します

「条件の式」に指定されている間、プログラムはくりかえされます。変数 iは 1 ずつ増えていきます。

```
くりかえしの式 1 = i + 1
```

じっさいにくりかえされるプログラムは、tasu = tasu + i ですよね。

くりかえすプログラム tasu = tasu + i

答えは次のように表示されるはずです。

●プログラムをていねいに見てみよう

このプログラムは何をやっているのか。ていねいに見ていくことにしましょう。

変数 tasuは、はじめ0でした。変数 iははじめ1ですから、0 + 1、つまり答え 1 になります。これが1回目の計算です。

1回目 tasu + i = 0 + 1 = 1

次にiに1が足されて、2になります。tasu + i は、1 + 2 です。

2回目 tasu + i = 1 + 2 = 3

続いて、iに1が足されて、3になるので tasu + i は、3 + 3 です。

3回目 tasu + i = 3 + 3 = 6

こんなふうに変数 tasu と変数 i が増えていきます。

図にすると、こんな感じです。

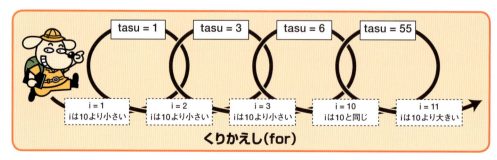

変数iが10になるまでくりかえされます。変数tasuは55です。

●for文で1から100まで足す

次は、いよいよ1から100まで足してみます。さきほど、「ちょっと計算するのがたいへんだ」と言ったものですね。

forbun2.html

```
<script>
  var tasu = 0;
  for (var i = 1; i <= 100; i = i + 1) {
    tasu = tasu + i;
  }
  alert(tasu + 1);
</script>
```

まず、「最初の式」で変数 i を1にしておき、「条件の式」に「変数 i が100より小さいか等しくなる間くりかえす」と書き入れます。くりかえすたびに変数 i は1ずつ増えます。これは99回くりかえされます。100回くりかえされると、変数 i は101になってしまいます。そのときfor文は終了されます。

forの部分を文字で表すと、こんなふうになります。

```
for (最初に変数 i を 1 にする; i が 100 より小さいか
等しい間; 毎回 1 ずつ足す) {
  変数 tasu と i を足して、もう一度 tasu に入れる
}
```

このプログラムは次のようなalertを出します。

変数 tasu と 変数 i の中身を1回目から順に足していった様子を表にしてみました。

くりかえしの数	tasuの中身	iの中身	tasu+iの数
1回目	0	1	1
2回目	1	2	3
3回目	3	3	6
4回目	6	4	10
5回目	10	5	15
6回目	15	6	21
7回目	21	7	28
8回目	28	8	36
9回目	36	9	45
10回目	45	10	55
…	…	…	…
99回目	4851	99	4950
100回目	4950	100	5050

なるほど「条件の式」に当てはまっていればずーっとくりかえしてくれるわけか

★やってみよう！

これまで学習したことを使えば、1 から 1000000（100万）まで足すプログラムも書けるはずです。書いてみましょう！

おおすげえ 一瞬で答えが出たぞ！

3-2 奇数だけ足す、偶数だけ足す

すこしアレンジするだけで、「くりかえし」はさまざまな応用ができます。ここでは、並んでいる数字を選んで「くりかえし」を実現する方法を紹介します。あなたの知恵の使いどころです！

●for文で2から100まで足す

前項でfor文を使って「くりかえし」が表現できることを学びました。「くりかえし」（for文）は次のようにまとめることができます。

前項では「最初の式」はvar i = 1でした。var i = 2とすると……

2からはじまる計算ができるのかな？

forbun4.html

```
<script>
  var goukei = 0;
  for (var i = 2; i <= 100; i = i + 1) {
  goukei = goukei + i;
  }
  alert(goukei);
</script>
```

> ここでは変数がgoukeiになっています

> 変数は「予約語」（JavaScriptで使うことば）でなければ何を使ってもいいんだよね！

この計算結果は次のように表示されます。

　最初の1をスキップして2から足し算を開始したので、1から100まで足した数（5050）より1少ない数になりました。

> と、いうことは5からはじまるときは……

> どう書けばいいか、練習してみましょう！

● 1から10まで奇数だけ足す

　次に、ちょっと難しいことにチャレンジしてみましょう。
　1から10までの数で、奇数だけ（1、3、5、7、9）を足すときには、どうすればいいでしょう？

> 「くりかえす式」を工夫すればいいのです！

　i＝i＋1は、「変数iを1ずつ大きくする」という意味でした。「奇数だけ」とは、1、3、5、7、9…です。つまり、2ずつ大きくすればよいのです。
　したがって「くりかえしの式」はi＝i＋2となります。

forbun5.html

```
<script>
  var goukei = 0;
  for (var i = 1; i <= 10; i = i + 2) {
    goukei = goukei + i;
  }
  alert(goukei);
</script>
```

答えは次のようになります。

この方法を使えば1000までの奇数とか10000までの偶数とかも計算できちゃうぞ！

やってみましょう！
数が大きくなってもすぐに計算してくれます！

●条件の式

for文で1から10まで足すためには、次のようなプログラムを書きました。

Forbun6.html

```
<script>
  var goukei = 0;
  for (var i = 1; i <= 10; i = i + 1) {
    goukei = goukei + i;
  }
  alert(goukei);
</script>
```

この場合の「条件の式」は、

```
i <= 10
```

です。変数と数字を比較するような形で宣言され、「変数 i が 10 より小さいか等しい間、プログラムをくりかえす」という意味でした。

条件の式でよく使うものを表の形にまとめてみました。

比較の式	意味	例	例の意味
>	大きいとき	i>5	iが5より大きいとき
<	小さいとき	i<5	iが5より小さいとき
>=	大きいか等しいとき	i>=5	iが5より大きいか等しいとき
<=	小さいか等しいとき	i<=5	iが5より小さいか等しいとき
==	等しいとき	i==5	iが5と等しいとき
!=	等しくないとき	i!=5	iが5と等しくないとき
true	真	true	つねにくりかえす
false	偽	false	つねにくりかえさない

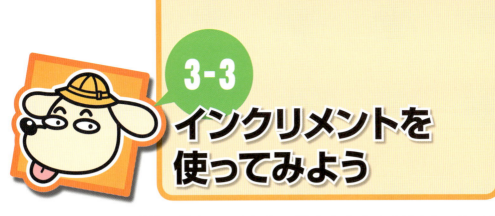

3-3 インクリメントを使ってみよう

プログラムでは、「前の数字に1を足して数字を大きくする」ということがさかんに行われます。それを記号で表現したのがインクリメントです。その使い方をお知らせしましょう！

● 1ずつ増やすもっと便利な方法

「くりかえし」のプログラムは、i = i + 1として、i を 1 ずつ増やしました。これは、i に 1 を足して、それを i にもう一度入れるという意味でした。

この「1 ずつ増やす」、プログラムにはしょっちゅう必要になります。

そこで、i = i + 1と書かず、i++と表現するようになりました。

これはJavaScriptだけでなく、たいがいのプログラミング言語にはあります。インクリメントと呼びます。

> インクリメントの式： i++

「++」の部分は、「プラスプラス」と読んだり、「プラプラ」と読んだりします。

「プラプラ」とは読みますが「たすたす」とは読みません

ちなみに、1 増やすの反対の、1 へらすというものもあります。デクリメントといいます。

> デクリメントの式： i--

こっちは「-」がふたつだね！

「マイナスマイナス」または「マイナマイナ」と読みます

では、さっそくインクリメントを使ってみましょう。「バカ」と30回言うプログラムです。

●「バカ」をくりかえす

続いて、「バカ」という表示をくりかえしてみましょう。「バカ」と10回言うのを3回くりかえしてみます。

baka10x3.html

```
<script>
  for (var i = 0; i < 3; i++) {
    for (var j = 0; j < 10; j++) {
      alert("バカ");
```

```
      }
    }
  </script>
```

　これはfor文の中にfor文が入っています。これを「入れ子構造」「入れ子になっている」といいます。

●「バカ」を10個つなげてみる

　次に、「バカ」をつなげてみましょう。まずは、変数lineを宣言します。続いて、for文を記します。くりかえしの式は

```
line = line + "バカ";
```

です。プログラムは次のようになります。

baka10line.html

```
<script>
  var line = "";
  for (var j = 0; j < 10; j++) {
    line = line + "バカ";
  }
  alert(line);
</script>
```

　変数 line の中身ははじめ、何もありません。""は空文字といい、中身がない、空っぽであることを表します。これが「最初の式」。

line = line + "バカ";なのですから、はじめは何もない「」に「バカ」をつなげて「バカ」と表示します。
　次に、「バカ」に「バカ」をつなげて「バカバカ」と表示。
　さらに、「バカバカ」に「バカ」をつなげて「バカバカバカ」と表示します。
　この要領で、どんどん後ろにつなげていきます。

●「バカ」を3行で表示する

　次に、このような表示をするプログラムをつくってみます。

　このプログラムのポイントのひとつは、改行が入っていること。改行は、

```
\n
```

と表示します。
　プログラムは入れ子になっており、for文の中にfor文が入る形で書かれています。

baka10linex3.html

```
<script>
  var line = "";
  for (var i = 0; i < 3; i++) {
    for (var j = 0; j < 10; j++) {
      line = line + "バカ";
    }
    line = line + "\n";   ← 改行を追加する
  }
  alert(line);
</script>
```

●「バカ」と「あほ」を交互に表示する

次のような表示をするプログラムをつくります。

プログラムは次のようになります。

ahobaka10line.html

```
<script>
  var line = "";
  for (var i = 0; i < 10; i++) {
    if (i % 2 == 1) {
      line = line + "バカ";
    } else {
      line = line + "あほ";
    }
  }
  alert(line);
</script>
```

このプログラムのポイントは、くりかえしを表現するfor文の中に、「もし〜でなかったら」というif 〜 elseが入っているところです。

交互になにかをしたいとき、繰り返す数を見て、奇数か偶数かを判断すればいいですよね。0（偶数）1（奇数）2（偶数）3（奇数）...というふうに、偶数と奇数は交互に表れます。

数字が奇数か偶数かを判断するには、2 で割ってみて、あまりが 1 か 0 かで判断します。

0 から順番に 2 で割ってみて、あまりが 1 か 0 か見てみましょう。割ったあまりは、%を使うと計算できます。

```
var amari = 0 % 2;    ◀ amari には 0 が入ります。
var amari = 1 % 2;    ◀ amari には 1 が入ります。
var amari = 2 % 2;    ◀ amari には 0 が入ります。
var amari = 3 % 2;    ◀ amari には 1 が入ります。
      ・
      ・
      ・
```

```
  ⋮
  ⋮
var amari = 9 % 2;     amari には 0 が入ります。
var amari = 10 % 2;    amari には 1 が入ります。
```

なるほど、amariが1になるなら奇数なのか！

ですから、次の部分（プログラムの一部）は

```
if (i % 2 == 1) {
  line = line + "バカ";
} else {
  line = line + "あほ";
}
```

「奇数ならば『バカ』を、偶数ならば『あほ』を表示せよ」という意味になるのです。

次は
別のくりかえしを
伝授するぜ！

3-4 whileでくりかえす

JavaScriptにはforのほかに、くりかえしを表現するwhile(ホワイル)があります。ただし、使い方も、そして使いどころもそれぞれ違っています。どちらをどう使うかはまさにテクニックです！

●whileの使い方

くりかえしを表現するためには、forを使いました。forはふつう、こんなふうに書かれました。

```
for (最初の式; 条件の式; くりかえしの式) {
    くりかえすプログラム
}
```

じつは、JavaScriptにはもうひとつ、くりかえしを表現するwhileというものがあります。

```
while (条件の式) {
    くりかえすプログラム
}
```

こんなふうに使います。

まずは、forのかわりにwhileを使ってみましょう。forの最初に紹介した、10以下の数字を1から順に足していくプログラムを、whileを使って表現してみます。

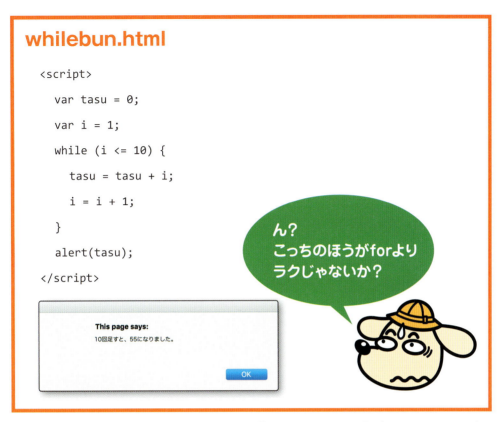

whileにはforのように、「最初の式」や「くりかえしの式」がありません。どっちかというとラクかもしれないですね。

● 100 を超えるまでくりかえす

次のような計算をしてみましょう。

```
0+1=1
1+2=3
3+3=6
6+4=10
10+5=15
   ・
   ・
   ・
```

まず、「足す数」を1ずつ増やしていきます。「足される数」はその答えです。この計算の答えが100 を超えるまで計算してみましょう。

どうすればいいか
ぜんぜんわかんないよ！

まず、くりかえしの数 i を用意して 0 にしておきます。

```
var i = 0;
```

次に、変数 goukei を用意して 0 にしておきます。

```
var goukei = 0;
```

そして、while文をつかって、100 より小さいか等しいとき、くりかえすようにします。

```
while (goukei <= 100)
```

while文でくりかえすプログラムは、かっこ {} で囲んでおきます。

```
while (goukei <= 100) {
  i = i + 1;          ← iは 1 ずつ増えていく
  goukei = goukei + i;   ← goukei に i が足される
}
```

こんなプログラムができます。

whilebun1.html

```
<script>
  var i = 0;
  var goukei = 0;
  while (goukei <= 100) {
```

```
      i = i + 1;
      goukei = goukei + i;
   }
   alert(i + "回足すと、" + goukei + "になりました。");
</script>
```

●100万を超えるまでくりかえす

このぐらいの数なら、やろうと思えば計算できるかもしれません。しかし、数が大きくなるとそうもいきません。たとえば 1000000（100万）とか！

ヒーッ！！ 絶対に計算できねえよ！！

しかし、さきほどのプログラムを使えば時間はかかりません。

whilebun2.html

```
<script>
   var i = 0;
   var goukei = 0;
   while (goukei <= 1000000) {
      i = i + 1;
      goukei = goukei + i;
   }
   alert(i + "回足すと、" + goukei + "になりました。");
</script>
```

このプログラムのおおまかな意味を説明すると、次のようになります。

```
変数 i を 0 にする
変数 goukei を 0 にする
while (goukei が 1000000 より小さいか等しいあいだ) {
    変数 i に 1 を足して、もう一度 i に入れる
    変数 goukei と i を足して、もう一度 goukei に入れる
}
```

このようにすることで、i は 1 からはじまり、2、3、4…… と 1 ずつ大きくなり、goukei は 0、1、3、6、10、15、21、28、36、45、55… とだんだん大きくなっていきます。

数字だと親しみがわきませんが、お金で考えてみたらどうでしょう。毎日1円ずつ増やしながら貯金すると、100万円を貯めるにはどのくらいかかるか、という問題です。プログラムによれば、1414日かかります。1年は365日ですから、3年と11ヶ月あれば100万円を貯められるということです！

よーし、今日から貯金をはじめよう！

時間がたてばたつほど苦しくなるけどね……

●正解が出るまでくりかえす

　これまで、コンピュータに計算をさせて、答えを出すプログラムを考えてきました。次は、人間に問題を出す場合を考えてみましょう。

　人間はコンピュータと異なり、かならず正解するとは限りません。むしろ、何回も間違えるものではないでしょうか？

　そこで、「正解が出るまでくりかえす」という問題をつくってみます。

mondai.html

```
<script>
  var kotae = "";
  while (kotae != "2") {
    kotae = prompt("1 ÷ 0.5 =", "");
  }
  alert("正解！");
</script>
```

このプログラムのおおまかな意味を説明すると、次のようになります。

```
変数 kotae を "" にする
while (kotae が "2" と等しくないあいだ) {
  "1 ÷ 0.5 =" を表示して、入力を kotae に代入する
}
"正解！" と表示する
```

　まず、変数 kotae を用意します。これは、前項で使った ""（空文字）を代入します。続いて、while文で「1 ÷ 0.5 =」が表示されるプログラムをつくります。

これは、promptに正解である「2」が入力されるまで、表示され続けるのです。

ちなみに 1 ÷ 0.5 = 2 ですから、正答の「2」を入力して「OK」ボタンを押すと……。

と表示されるのです。

やっぱり正解といわれると気持ちいいなあ！

ふつうは間違えないほど簡単な問題だけどね……

●do〜while文

同じプログラムは、do 〜 whileという形で書き表すこともできます。

mondai2.html

```
<script>
  do {
    var kotae = prompt("1 ÷ 0.5 =", "");
  } while (kotae != "2");
  alert("正解！");
</script>
```

こっちの方がラクそうじゃないか！

まとめると、次のようになります。

```
do {
  くりかえすプログラム
}
while (条件の式);
```

条件の式にあてはまる間だけ、プログラムがくりかえされるということです。表示は、さっきとまったく同じになります。

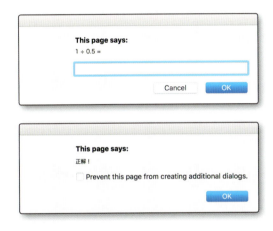

いろんなくりかえしをマスターしたぜ！

3-5 中断したり、続けたり

くりかえしを設定した以上は、こちらが止まって欲しいと思っても、コンピュータはくりかえし続けます。うまく使うためには、どのくらい続けて欲しいのか、いつ止まるのかを伝えなくてはならないのです。

● くりかえしを止めよう

これまで、くりかえしのプログラムを学習してきました。

同じ「くりかえし文」であっても、for文、while文、do 〜 while文はそれぞれ書き方がちがいます。しかし、共通して使えるものがあります。ここでは、それをご紹介しましょう。

くりかえし文を、とにかく止めたい！ といったとき使えるのが、「break（ブレイク）」です。

Breakを使うと、くりかえしを中断（ストップ）して、次の文に進むことができます。

くりかえしの途中で、合計が1000を超えたらストップするプログラムを考えてみましょう。

break.html

```
<script>
  var goukei = 0;
  for (var i = 1; i <= 100; i = i + 1) {
    goukei = goukei + i;
    if (goukei > 1000) {
```

```
            break;          ここでくりかえしが中断される
          }
        }
        alert(goukei);
      </script>
```

breakを使えば
くりかえしを止める
ことができるのです

ここであげたのはforを使って変数 i を 1 から 100 まで足し算して、1000 を超えたらストップするプログラムです。

このプログラムは、次のように表示されます。

1 から 100 まで、ぜんぶ足すと 5050 になるはずですが、このプログラムでは、途中で計算をやめているため、このような表示になります。

これは、if (goukei > 1000) で合計が 1000 より大きいかどうか見て、もし 1000 より大きかったら、breakでfor文を中断し、次のプログラム（goukei を表示する）に進むように設定されているのです。

●何度も続ける

breakを使えば、途中でストップすることができます。でも、完全にストップさせたくないときもありますよね？

たとえば、3問連続でクイズを出題するとして、連続で正解できないと、最

初からやりなおす(くりかえす)ような場合です。

　ここでは、「continue」を使ってみましょう。くりかえし文には、forの場合もwhileの場合も、「条件の式」があります。continueは、「条件の式」とは関係なくくりかえしを続けるのです。

　continueを使って、3問連続で正解できないと、最初からくりかえすようなクイズをつくってみます。まず、promptを使って問題を出します。promptに入力された答えが間違っていたら、「はずれ。」と表示します。そのあと、continueで、while文の最初に戻ります。このとき、continueより下のプログラムは実行されません。

　では、continueとbreakを使って、次のようなプログラムをつくってみましょう。計算、地理、音楽の問題の3問を連続で正解しないとクリアできないクイズです。

　まず名前をたずねます。

次に、計算問題が出題されます。

きみの名前を入力してね

もし正しい答えが入力されない場合(「6.28」と入らない場合)、

と表示され、

もう一度こちらに戻ります。

当たっているならばこちらが表示され、

次の問題に移行します。

次の問題はこちらです。

正解だと、次の問題です。

3問正解すると、次のメッセージが出力されます。なお、「テントくん」という名前は、はじめに入力した名前です。

全問正解できると、breakが使用され、while文を抜けて、クイズが終ります。コードは、次のようになります。

quiz2.html

```
<script>
  var name = prompt("おなまえは？ ", "");
  while (true) {
    var keisan = prompt("3.14 * 2 = ", "");
    if (keisan != "6.28") {
      alert("はずれ。");
      continue;
    }
    alert("正解。");
    
    var kisetsu = prompt("では、南半球でクリスマスのときの季節は？ ", "");
    if (kisetsu != "夏") {
      alert("はずれ。");
      continue;
    }
    alert("正解。");
    
    var ongaku = prompt("楽譜で、音の一時的な休止を示す記号は？ ", "");
    if (ongaku != "休符") {
```

```
            alert("はずれ。");

            continue;

        }

        alert("正解。");

        break;

    }

    alert("全問正解おめでとう！！ すごいね！ " + name + "さん");

</script>
```

```
while （つねにくりかえす） {
  "3.14 * 2 = "と表示して、入力を keisan に代入する
  if （もし keisan が "6.28" でないなら） {
    "はずれ。"と表示する
    while文の最初に戻る
  }
  "正解。"と表示する

  "では、南半球でクリスマスのときの季節は？"と表示して、
  入力を kisetsu に代入する
  if （もし kisetsu が "夏" でないなら） {
    "はずれ。"と表示する。
    while文の最初に戻る
  }
  alert("正解。");

  "楽譜で、音の一時的な休止を示す記号は？"と表示して、
  入力を ongaku に代入する
  if （もし ongaku が "休符" でないなら） {
```

"はずれ。"と表示する。
　　　while文の最初に戻る
　　}
　　"正解。"と表示する
　　while文を中断する
　}
　"全問正解おめでとう！！すごいね！" + name + "さん"と表示する

quiz2.html では、まずは名前を入力します。
　次に、第1問の計算問題です。ここで間違えると、continueで最初に戻って、もう一度、第1問からです。

　正解すると、第2問に進みます。同様に、間違えると、continueで最初に戻り、もう一度、第1問からになります。

　正解すると、第3問です。ここで間違えると、また第1問からになってしまいます！

　全問正解できないと、このクイズは終了することができません。言い換えれば、全問正解しないと、breakでくりかえしをぬけることはできないのです。

　このように、くりかえし文と、contnue文とbreak文をくみあわせることで、いろんなプログラムをつくることができます。

コラム
無限ループ

　無限ループとは、くりかえし文やcontinue文で誤った記述をしてしまったとき、脱出不可能なループ（くりかえし）ができてしまうことを意味します。無限ループが原因で、プログラムが終了できなくなった場合、強制終了するほか手がないことが多いため、注意が必要です。

　前項で、whileからはじまるプログラムを紹介しましたが、使い方を理解していないと、これも無限ループになります。場合によってはコンピュータが動かなくなってしまうこともありますので、注意しましょう。

終わり方を決めておかないと
いつまでもぐるぐる回っちゃうんだ

これを無限ループと
いいます

第4章 配列でならべたら

変数をたくさん扱うためには

「配列」とは変数をいくつか並べたものであり、まとめて扱うしくみです。JavaScriptにかぎらず、プログラミング言語の多くはこれを備えています。

これをマスターするために、複数のクイズをつくり、点数をつけ、その合計を出してみましょう。合計点が出せれば、最高点も平均点も出せるのです。配列とはそうした作業を容易にします。

もうひとつ、ここではJavaScriptのファイルをHTMLとわける方法も紹介しています。この章で紹介するように、プログラムを数多く扱うようになると有効です。ひとつの大きなプログラムを複数の人間でつくる（通常はそうです）ときにも、この方法はたいへん効果的です。

THE TENTOKUN DAYS 4
配列を覚えると…

第4章

4-1 ファイルをわける

ページの構成を示したHTMLファイルと、JavaScriptを記したファイルは、わけてつくられることが多くなっています。どうしてファイルをわけるのでしょう？ どうやってわけるんでしょう？

● ファイルはわけるのがふつう

　これまでに学習した方法では、ひとつの HTMLファイルにひとつのプログラムが入っている形でした。

　みなさんも体験していると思いますが、この方法だとプログラムがどんどん長くなって、ファイルがどんどん大きくなります。ファイルの肥大化を避けるために、HTML/CSSという形で、ファイルの骨組みにあたる部分はHTMLファイルに、装飾に関する部分はCSSファイルに、別々にまとめましたよね。

　JavaScriptも同じです。プログラムの部分だけ別にします。これまでの例で言えば、<script>～</script>の部分を別ファイルにまとめます。フォルダの中はこんな形です。

拡張子.jsがついているのがプログラムだけ別にしたファイルです。

プログラムのファイルを別にすると、次のようなメリットがあります。

たとえば、算数と国語と理科と社会、4科目のクイズを出題するプログラムをつくろうとする場合、これがひとつのファイルにまとまっていると、なかなか大変です。算数になにか追加したいとき、算数だけをいじるというわけにはいきません。国語も理科も社会もいじらなければならないのです。仮にいじる必要がなくても、ちゃんとプログラムが動作するかどうか、4科目についてチェックする必要は出てきます。

4科目が別々になっていれば、算数だけをいじって、残りの3科目は手をふれる必要がないのです。

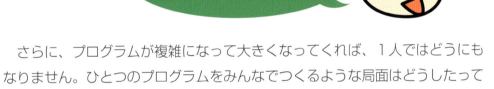

さらに、プログラムが複雑になって大きくなってくれば、1人ではどうにもなりません。ひとつのプログラムをみんなでつくるような局面はどうしたって出てきます。

そんなとき、プログラムがわかれていれば、人の仕事を取り入れやすくなります。さきの4科目クイズのプログラムを例にすれば、算数だけ人にまかせて、自分は残りの3科目をやる、なんてこともしやすくなるのです。

● **ファイルをわけてみよう**

では、さっそくやってみましょう。まずは、下のような形をつくってみます。

HTMLファイル「newquiz.html」を用意します。ここに書くのは3行だけです。

newquiz.html

```
<html>
    <script src="konichiwa.js"></script>
</html>
```

最初の <html> と最後の </html> は、「<html>から</html>の間はHTMLです」という意味です。HTMLにはかならず必要なものです。これ以外の部分を細かく見ていくことにしましょう。

<script … >〜</script>

プログラムを呼び出す部分はここに書かれます。scriptを日本語にすると、台本とか原稿という意味。つまり、「HTMLファイルにこれからおこなうプログラムの台本を追加するよ」と言っているのです。

src="konichiwa.js"

スペースのあと、srcに続く部分には、プログラムのファイル名が書かれます。この例では、konichiwa.js というファイルにプログラムが書かれていま

すよ。という意味になります。srcは、source（ソース）の略です。

食べ物にかけるソースと同じつづりだけど
ここでは材料とか原料とかいう意味で使われています

type="text/javascript"

以前はこのつづりがないといけませんでした。これはプログラムの種類を表しており、text/javasctiptは、text（テキスト）（日本語で文字という意味）で書かれたJavaScriptである、と明示しなければならなかったのです。現在は、初期値がJavaScriptになっていますから、この記述は必要がありません。

わざわざJavaScriptだと
断らなくてもいいということです

●jsってなんだ

「konichiwa.js」のように、.jsという拡張子がついたファイルは、JavaScriptが書かれたファイルです。

では、「konichiwa.js」を見ていきましょう。

konichiwa.js

```
var onamae = prompt("おなまえは？ ", "");
alert("こんにちは！ " + onamae + "さん");
```

ここにはJavaScriptのプログラムだけを
書けばよいことになっています。
いきなりプログラムからはじめてよいのです

このプログラムを実行すると……

名前を聞かれます。

名前を聞く
プログラムの
完成だ！

とーっても
単純なプログラム
だけどね

> コラム
> ## なにも起きない！
>
> 　HTMLファイルとJSファイルをわけてつくると、うまく読みこめないことがあります。HTMLファイルを実行（ダブルクリック）しても、なにも起きないのです。
> 　そんなときは、まず次の①②を確認しましょう。
> 　①HTMLファイルとJSファイルが同じフォルダの中にあるか
> 　②ファイル名を間違って書いてないか

ものすごく
よくある間違いなのだ

4-2 クイズプログラムをつくる

前項で紹介したプログラムのファイルをわけるやりかたをもちいて、いくつかクイズをつくってみましょう。クイズは国語・算数・理科・社会、四科目からのもの。誰ですか教科なんかまっぴらだと言ってるのは!?

● **算数の問題をつくる**

では、前節で紹介した、算数と国語と理科と社会、4科目のクイズを出題するプログラムを実際につくってみましょう。まずは算数から。JSファイル「sansu.js」を用意します。

sansu.js

```
var kotae = prompt("7 × 35 = ", "");
if (kotae == 245) {
  alert("正解！");
} else {
  alert("ざんねん！");
}
```

ここでは、7 × 35 を問題にしています。

答えは245 なので、245 という文字列が kotae という変数に入っているかどうか、if 文を使ってチェックしています。

正解だったら「正解！」と表示し、間違いだったら「ざんねん！」と表示する指定をif 〜 elseでおこなっています。

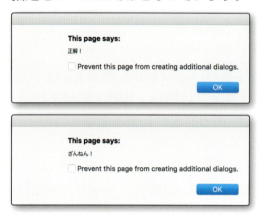

●国語の問題をつくる

次に、国語の問題をプログラムにしてみましょう。JSファイル「kokugo.js」を用意します。

```
kokugo.js

var kotae = prompt("「芬蘭」のよみがなは？", "");
if (kotae == "フィンランド" || kotae == "ふぃんらんど") {
    alert("正解！ ");
} else {
    alert("ざんねん！ ");
}
```

こんなの読めるかー！！！

ここでは、「芬蘭」のよみがなを答えてもらっています。読めた人は少ないんじゃないかなあ……。答えは「フィンランド」。フィンランドは、北欧の国の名前です。
　このプログラムでとくに重要なのは、カタカナの「フィンランド」でも、ひらがなの「ふぃんらんど」でも正解になるように工夫しているところです。
　どっちでも正解にしたいときには、|| を使うのでしたね。簡単におさらいしましょう。

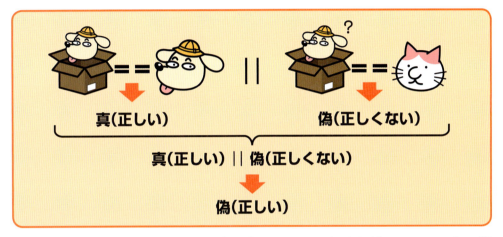

　変数 kotae を箱で表します。箱の中には、テントくんが入っていても、猫のパオちゃんが入っていても正解です。
　これを式で表すと、次のようになります。

```
if (箱 == 犬 || 箱 == 猫)
```

　ただし、それ以外だといけません。たとえば、箱の中にねずみが入っていたりしたら、正しくないのです。
　カタカナの「フィンランド」が入っていても、ひらがなの「ふぃんらんど」が入っていても、正解にするには、同じようにします。

```
if (kotae == "フィンランド" || kotae == "ふぃんらんど")
```

　変数kotaeは "フィンランド" でも "ふぃんらんど" でもいい。それ以外は不正解です。

●理科の問題をつくる

続いて、理科の問題をつくります。JSファイル「rika.js」を用意します。

rika.js

```
var kotae = prompt("昆虫の足は何本？", "");
if (kotae == "6" || kotae == "６") {
  alert("正解！");
} else {
  alert("ざんねん！");
}
```

ここで大事なことは、国語の問題と同じように、|| (オア) を使って、"6" でも "６" でも正解になるようにしていることです。

でもちょっと待て。"6" と "６" って何が違うんだ？

最初の "6" は、半角の 6 を表しています。ふたつめの "６" は、全角の６です。

じつは、プログラムの世界では、半角と全角は別はのものとして扱われることがとても多くなっています。JavaScriptも6（半角）と６（全角）は別のものです。日本語入力をするときは、全角になっていることがとても多いようです。

> **コラム**
> ## 全角と半角
>
> アルファベット(A～Z, a～z)や数字(0～9)など、コンピュータの世界で最初のころにつくられた256種類の文字は、日本では半角とよばれています。ひらがな、カタカナ、漢字などの日本語の文字は通常、全角で記されます。全角文字は半角文字の2倍の厚みがあります。
>
> 半角は1バイト、全角は2バイト使って表現したのでこの名がつきました

●社会の問題をつくる

最後に、社会の問題をつくります。JSファイル「shakai.js」を用意します。

shakai.js

```
var kotae = prompt("北海道の県庁所在地は？", "");
if (kotae == "札幌" || kotae == "さっぽろ") {
  alert("正解！ ");
} else {
  alert("ざんねん！ ");
}
```

この場合も、2種類の答えを正解にしています。漢字の「札幌」とひらがなの「さっぽろ」です。

●HTMLファイルに追加する

算数、国語、理科、社会の4つの問題を、HTMLファイル「newquiz.html」に追加します。

newquiz.html

```html
<html>
    <script src="konichiwa.js"></script>
    <script src="sansu.js"></script>
    <script src="kokugo.js"></script>
    <script src="rika.js"></script>
    <script src="shakai.js"></script>
</html>
```

この newquiz.html をダブルクリックして表示すると、最初に名前をたずねるプログラムが実行され（konichiwa.js）、続いて算数、国語、理科、社会の順で問題が表示されます。

きちんと問題が連続で表示されたかな？次からさらに難しくなるぞ！

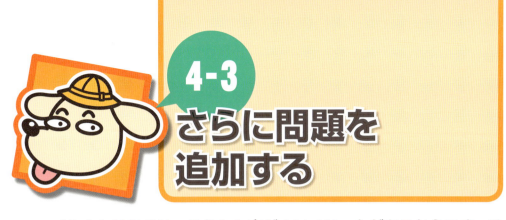

4-3 さらに問題を追加する

ファイルをわけるのは、そうした方がよいメリットがあるからです。ひとつはここで紹介する、訂正がいやすいこと。「キミは国語、キミは算数」というふうに担当わけもしやすいですよね。

●各教科に問題を追加する

JSファイルを使うことの大きなメリットのひとつは、あるファイルを改訂したとき、変化はそのファイルに書かれたプログラムのみだということです。ミスの発見やチェックがラクになる、ということがあげられます。

JSファイルを使うとミスが見つけやすいんだ！

では、各ファイルに問題を追加し、各教科2問ずつ問題を表示するようにしてみましょう。

sansu.js

```
var kotae = prompt("7 × 35 = ", "");
if (kotae == 245) {
  alert("正解！ ");
} else {
  alert("ざんねん！ ");
}
```

```javascript
var kotae = prompt("112 - 53 = ", "");

if (kotae == 59) {

  alert("正解！ ");

} else {

  alert("ざんねん！ ");

}
```

kokugo.js

```javascript
var kotae = prompt("「芬蘭」のよみがなは？ ", "");
if (kotae == "フィンランド" || kotae == "ふぃんらんど") {

  alert("正解！ ");

} else {

  alert("ざんねん！ ");

}


var kotae = prompt("「細魚」のよみがなは？ ", "");
if (kotae == "さより") {

  alert("正解！ ");

} else {

  alert("ざんねん！ ");

}
```

rika.js

```javascript
var kotae = prompt("昆虫の足は何本？ ", "");
if (kotae == 6 || kotae == " 6") {

  alert("正解！ ");

} else {
```

```
    alert("ざんねん！");

  }


var kotae = prompt("光合成では、空気中の二酸化炭素を吸収し、〇〇を放出し
ています。〇〇とはなんですか？", "");
if (kotae == "酸素" || kotae == "さんそ") {

  alert("正解！");

} else {

  alert("ざんねん！ ");

}
```

shakai.js

```
var kotae = prompt("北海道の県庁所在地は？", "");
if (kotae == "札幌" || kotae == "さっぽろ") {

  alert("正解！ ");

} else {

  alert("ざんねん！ ");

}


var kotae = prompt("日本で一番高い山は？", "");
if (kotae == "富士山") {

  alert("正解！ ");

} else {

  alert("ざんねん！ ");

}
```

　さて、プログラムの追加は終わりました。うまくいけば、次のような表示が
されるはずです。

①名前を聞く

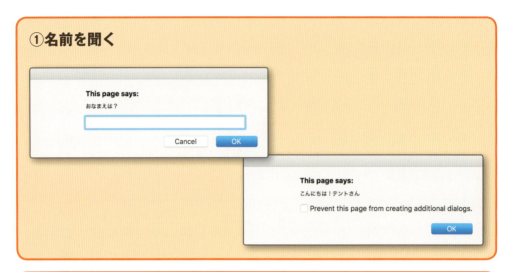

②算数

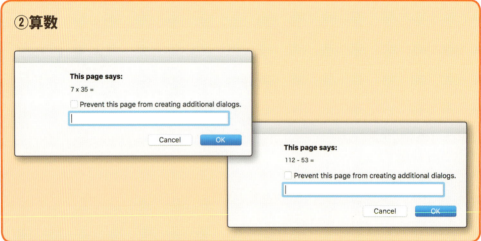

③国語

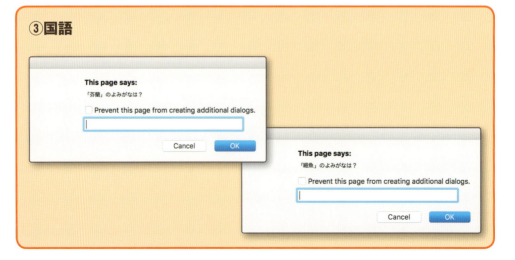

④理科

⑤社会

　さて、何問正解できたでしょうか？　ただし、ここでの大事な目的はクイズに正解することではありません。プログラムを使えば、合計の点数も、平均点も簡単に出すことができます。これから、その方法を学習します。

　じつは……やっと準備体操が終わったんです！　次項からが本題です！

次からが本題だ！

4-4 点数を合計しよう

四科目のクイズをつくったなら、それぞれに点数をつけ、それを合計したいですよね。これが可能になると、たとえば平均点を出したりとか、最高点を出したりすることができるようになります。

● 点数の計算方法

　1問正解すると1点、2問正解すると2点として、各教科の合計点を出してみましょう。つまり、正解した問題数が「点数」です。

　まず、点数を記録するための変数 seikai を用意しましょう。1問正解すると1点ですから、seikaiは正解するたび、1ずつ増えることになります。

　プログラムで表すと、こうなります。

```
var seikai = 0;   // 変数を用意する
seikai = seikai + 1;   // 正解を 1 増やす
```

なるほど1問正解するとseikaiが1増えるのか！

●算数の点数を計算する

これを利用して、sansu.js に点数計算のためのプログラムを追加します。

sansu.js

```javascript
var seikai = 0; // 変数を用意する
var kotae = prompt("7 × 35 = ", "");
if (kotae == 245) {
  alert("正解！ ");
  seikai = seikai + 1; // 正解を 1 増やす
} else {
  alert("ざんねん！ ");
}

var kotae = prompt("112 - 53 = ", "");
if (kotae == 59) {
  alert("正解！ ");
  seikai = seikai + 1; // 正解を 1 増やす
} else {
  alert("ざんねん！ ");
}

alert("点数は" + seikai + "点です"); // 点数を表示する
```

alertには最初の問題と2番目の問題の合計点が表示されます。

4-5 「配列」を使ってみよう

合計点を出すことに成功したら、いよいよ平均点を出してみます。クイズの点数をいくつも扱うことになりますが、ここで紹介した方法では、変数をまとめて扱うことになりますね。これが「配列」だといってもいいでしょう。

● 「配列」ってなんだ？

前項で、各教科2問あるクイズについて、合計点を出すにはどうしたらよいかを学びました。

こんどは、4科目の合計点と、平均点を出してみたいのです。計算式は……。

```
合計点 ＝ 算数 ＋ 国語 ＋ 理科 ＋ 社会
平均点 ＝ 合計点 ÷ 4
```

算数は得意じゃないけどこのくらいわかるよ！

これを計算するためには、各教科の点数をおぼえておかなければなりません。

たとえば、こんな人がいるとしましょう。

算数：1点　国語：2点　理科：0点　社会：1点

理科1問もできてねーんだこいつバッカだなー

合計点はアンタより上でしょ！

この人の合計点は1+2+0+1ですから、4点。平均点はそれを教科の数で割るから、1点になりますよね。

　こうした計算が可能なのは、各教科の点数がわかるからです。プログラムを使って同じことをするためには、各教科の点数をコンピュータに記憶させる必要があります。

　このとき使うのが「配列」です。大ざっぱにいえば、配列は、いくつか変数をまとめて扱うことができます。

●「配列」を使ってみよう

　配列の使用例のなかで、もっとも簡単な部類のものを紹介しましょう。

　kyouka.htmlというものをつくってみます。これをダブルクリックすると、下のように教科の名前が書かれたアラートが連続で表示されます。

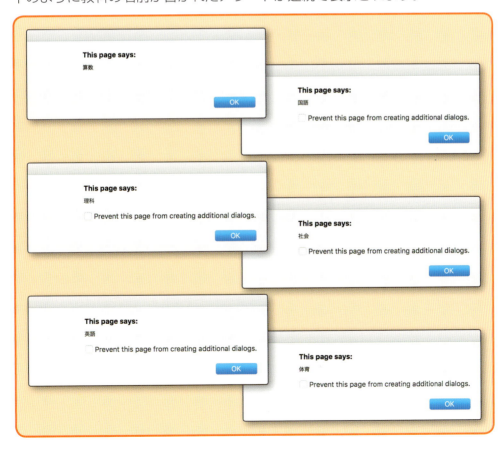

コードは、次のようになります。

---

kyouka.html

```
<script>
  var hairetsu = [];
  hairetsu[0] = "算数";
  hairetsu[1] = "国語";
  hairetsu[2] = "理科";
  hairetsu[3] = "社会";
  hairetsu[4] = "英語";
  hairetsu[5] = "体育";
  for (var i = 0; i < 6; i++) {
    alert(hairetsu[i]);
  }
</script>
```

ここで使われているのが、配列です。

```
var hairetsu = [];
```

とあるのは、配列を使うよ！　と宣言するとともに、それは空っぽだよ、といろんなものが入るよと言っています。

じつは、[]の中には、さまざまなものを入れることができるのです。var hairetsu = ["算数", "国語", "理科"];のように文字を入れてもいいし、var hairetsu = [123, 45, 6];　のように数字を入れてもいい。ここでは、次項の表のように配列の中身が変わっていきます。空っぽですから、中身が変わっていってもいいのです。

それより下に何が入るかを示しています。

	hairetsuのなかみ
0	算数
1	国語
2	理科
3	社会
4	英語
5	体育

イメージとしては、空っぽの箱の中に、番号で記した教科が入っているような状態です。

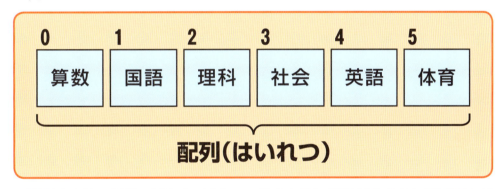

配列の中は、通常、124ページのコードのように番号がふられた形で示されます。これを添え字と呼びます。いつも0からはじまります。

さらに、このプログラムでは、forが使われています。

```
for (var i = 0; i < 6; i++) {
  alert(hairetsu[i]);
```

これは、変数iを0からはじめて、6より小さいあいだ、iを1ずつ増やしながらくりかえす、という意味です。具体的には、変数iが0、1、2、3、4、5と変わっ

ていきます。

　そうすることで、hairetsu の中身の 0 番目の「算数」から順に 5 番目の「体育」までのalertが、連続で表示されます。

コラム
なぜ0からはじまるのか!?

　配列のはじまりが、なぜ1じゃなくて0なのかは、コンピュータを研究している人の間でも意見がわかれるところのようです。

　プログラミング本の古典『プログラミング言語C』（カーニハン＆リッチー著）によると、配列の添え字は、配列が用意された場所からどれだけ離れているかを数字であらわしたもの、であるように書かれています。最初はスタート地点なので0になるということですね。

じつはこれ、ナゾとされているのだ

4-6 平均点を計算してみよう!

配列を使って平均点を出してみます。平均点とは、点数の合計を要素の数でわる（四科目クイズなら4でわる）と出てきます。これをプログラムをもちいてやってみます。

●各教科の点数を表示するプログラム

まず、配列を使ってhairetsu.js というJSファイルをつくります。

hairetsu.js

```
var tensu = [0, 0, 0, 0];
```

このようなアラートが表示されます。

つづいて、各問を少々書き換えます。

たとえばsansu.jsは、次のようになります。

sansu.js

```
var seikai = 0; // 変数を用意する
var kotae = prompt("7 × 35 = ", "");
if (kotae == 245) {
  alert("正解！");
```

```
    seikai = seikai + 1; // 正解を 1 増やす
  } else {
    alert("ざんねん！ ");
  }


  var kotae = prompt("112 - 53 = ", "");
  if (kotae == 59) {
    alert("正解！ ");
    seikai = seikai + 1; // 正解を 1 増やす
  } else {
    alert("ざんねん！ ");
  }
  tensu[0] = seikai; // 点数を保存する
```

　ポイントは最後の行。tensu[0] = seikai;と書かれてある部分です。これは、tensuという配列の0番目にseikaiという変数の内容を入れるということです。

　同様に,

kokugo.jsの最後には

tensu[1] = seikai;

rika.jsの最後には

tensu[2] = seikai;

syakai.jsの最後には

tensu[3] = seikai;

と書き入れます。

図で表すとこんな感じになります。

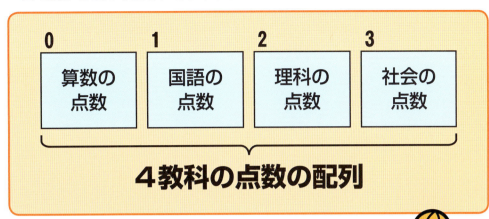

なるほどそれぞれの箱に各教科の点数が入るのか

0番目の箱には算数の点数、1番目の箱には国語の点数、2番目の箱には理科の点数、3番目の箱には社会の点数が入ります

● **全教科の平均点を計算しよう**

つづいて、平均点を計算してみましょう。平均点は、全教科の合計点（算数の点数 + 国語の点数 + 理科の点数 + 社会の点数）を教科の数（4科目）でわり算したものです。

点数というのは正解した数ってことだね！

式で書くと、こうなります。

平均点 = 全教科の合計点 ÷ 教科の数
　　　 =（算数の点数 + 国語の点数 + 理科の点数 + 社会の点数）÷ 4

プログラムで書くと、こんな感じです。

```
var sansu = tensu[0];
var kokugo = tensu[1];
var rika = tensu[2];
var shakai = tensu[3];

var goukei = sansu + kokugo + rika + shakai;
var heikin = goukei / 4;
```

同じことを、より簡明に表現することできます。

```
var goukei = tensu[0] + tensu[1] + tensu[2] + tensu[3];
var heikin = goukei / 4;
```

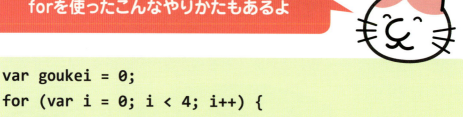

こっちのほうがぜんぜん簡単じゃないか！

forを使ったこんなやりかたもあるよ

```
var goukei = 0;
for (var i = 0; i < 4; i++) {
  goukei = goukei + tensu[i];
}
var heikin = goukei / 4;
```

これで合計点と平均点のプログラムができました。goukei.js というJSファイルにまとめ、こんなアラートが出るようにしましょう。

goukei.js

```
var goukei = 0;
for (var i = 0; i < 4; i++) {
  goukei = goukei + tensu[i];
}
var heikin = goukei / 4;

alert("合計点は " + goukei + " 点、" +
  "平均点は " + heikin  + " 点でした。");
```

　そして、goukei.js を、本体のHTMLファイル newquiz.html の一番下に追加します。

　20ページでふれたように、プログラムは、上から順番に読み込まれていきます。したがって。点数を覚えておくための配列——hairetsu.js は一番上に置かねばならないのです。

　点数の表示は、すべのて問題に解答してから表示しなければなりませんから、一番下に置くわけです。

●全問正解を判定する

　最後に、全問正解した人だけが見られるアラートをつくりましょう。全問正解だったなら、合計点は 8 点のはずです。合計点が 8 かどうかをチェックするプログラムを書きます。さらに、せっかく最初に名前を入力してもらっているのだから、これを使いましょう。

全問正解だと、次のようなアラートが表示されるはずです。

全問正解した人のために、zenmonseikai.jsをつくって保存します。

zenmonseikai.js

```
if (goukei == 8) {
  alert(onamae + "さん、全問正解おめでとう！");
}
```

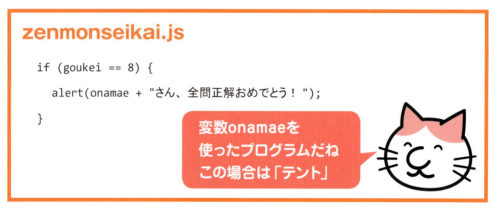

最後にzenmonseikai.js を newquiz.html に追加します。

newquiz.html

```
<html>
  <script src="hairetsu.js"></script>
  <script src="konichiwa.js"></script>
  <script src="sansu.js"></script>
  <script src="kokugo.js"></script>
  <script src="rika.js"></script>
  <script tsrc="shakai.js"></script>
  <script src="goukei.js"></script>
  <script src="zenmonseikai.js"></script>
</html>
```

フォルダーはこんなふうに表示されているはずです。

　なお、JavaScript には、ここでとりあげた配列のほかに、連想配列とかhash（ハッシュ）とか map（マップ）とかproperty（プロパティ）とよばれるものがあります。
　ここでふれた配列と大きく異なる点は、添え字を数字ではなく、文字列にすることができることなどです。
　この本では取り上げませんが、より深く知りたい人は、ぜひ調べてみてください。

第5章 関数ってなんだ？

プログラミングの関数と使い方

プログラムはスッキリして短いほうがよいと言われます。コンピュータの処理能力が低かった昔ならともかく、すくなくとも本書に収録されている程度のプログラムではどんな書き方をされていようと処理速度に差異が表れることはあり得ません。要するに長くても短くても結果は同じなのですが、「プログラムはスッキリして短いほうがいい」ことはまったく変わっていないのです。

これは、コンピュータではなく人が読むことを考えているためです。大きなプログラムであれば、たったひとりでつくるということはあり得ません。スポーツの多くがそうであるように、チームで活動するようになるのです。そのとき、見にくいプログラムはたいへんに迷惑です。関数はそこで大きな効果を現します。

THE TENTOKUN DAYS 5
すっきり、きれいに、短く

5-1 「関数」を使ってみよう

第5章

一度書いたプログラムをもう一度書くのってとてもめんどくさいですよね。関数をマスターすると、そういうめんどくささから解放されることになります。できるかぎりラクをするのがプログラミングです！

● 関数が必要なわけ

　前章では、プログラムを複数のファイルにわけて、ひとつのプログラムとして動かす方法を学習しました。この章では、複数のファイルにわけたプログラムを使いまわす方法をご紹介します。イメージとしては、プログラムのリサイクルって感じです。

リサイクル？ エコってこと？
それを考えるなんて立派立派！

プログラムをいくらリサイクルしても
環境がキレイにはならないけどね

　前章でつくったクイズは、問題数も多かったですし、最後は書くのがイヤになった人もいたかもしれません（かくいう私がそうでした）。
　ファイルをわけて整理して書くようにはしたんですが、ひとつひとつのプログラムの大きさは小さくなったわけではありません。同じようなプログラムを何度も何度も書くハメになって、めんどくさいことこの上ありません。

関数ってなんだ？

136

いーや、何個だって同じプログラムを
つくってやるぜ！

いちばん最初にめんどくさくなんの
アンタでしょーが！！

じつは、同じようなプログラムをいくつも書かずに済む方法があるのです。
「関数(function)」を使います。

● 関数を使ってみよう

関数と聞いて、うへえアレか、と思った人もいますよね？ そう、数学に出
てくるアレです。英語も同じfunctionです。

ただし、数学の関数とプログラミングの関数はちょっと違う、といわれてい
ます。じつは、英語のfunctionには「関数」だけではなく「機能」とか「はたらき」
という意味もあるのです。プログラミングで使う関数は、こっちの意味が強く
なっていると考えていいかもしれません。

数学でも、エライ人が「『関数』なんて訳すから
わからなくなるので、『機能』と呼べばよい」
といったりしているよ

関数を使うと、同じようなプログラムを何度も書く必要がなくなります。

関数について理解するために、まず次のようなアラートが出るプログラムを
つくってみましょう。前章で学んだように、ファイルをふたつにわけることに
します。

それぞれkonichiwa.jsとaisatsu.htmlと名付けます。

konichiwa.js

```
alert("こんにちは！");
```

aisatsu.html

```
<html>
  <meta charset="UTF-8" />
  <script type="text/javascript" src="konichiwa.js"></script>
</html>
```

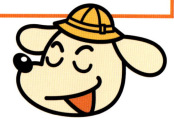

このぐらいなら
ぼくでも書けるよ！

続いて、konichiwa.jsをfunctionを使って書きかえてみます。

konichiwa.js

```
function konichiwa() {
  alert("こんにちは！");
}
```

関数はつぎのように表現されます。

```
function 関数の名前() {
  関数の中身
}
```

()には何が入るんだ、と思った方もいるかもしれません。それはおいおい説

明していきますので、とりあえずここでは、()には何も入ってない形で進めていきましょう。

138ページのコードをみると、function konichiwaと書かれています。functionのあとにくるのは関数の名前。つまり、「konichiwaという関数を使うよ！」と宣言しているのです。

ただし、この状態でもうひとつのファイルaisatsu.htmlをダブルクリックすると……。

なんにも出てこないじゃないかーっ！！

じつは、関数はaisatsu.htmlのほうで呼び出してあげないといけないのです。したがってaisatsu.htmlのコードはこうなります。

aisatsu.html

```
<html>
  <meta charset="UTF-8" />
  <script src="konichiwa.js"></script>
  <script>
    konichiwa(); // ここから konichiwa() 関数を呼び出す。
  </script>
</html>
```

これでうまく表示されたはずです。

5-2 引数がある関数

関数のあとの ( ) の中には引数が入ります。ここでは引数を「tento」としていますが、なんだってよいのです。何かをわたすと、プログラムが処理して返してくれる。プログラムにわたしたいものを引数と呼びます。

●引数を使ってみよう

前項で扱った関数は、次のようになっていました。

```
function 関数の名前() {
    関数の中身
}
```

今までは、( ) の中に何も入っていないプログラムをつくっていました。ただし、これは特殊な場合と言えるでしょう。

引数を使えば、文字や数字をプログラムにわたすことができます。

```
function 関数の名前(引数) {
    関数の中身
}
```

汚い話ですが、ゴハンを食べるとウンコが出ますよね。この場合、引数がゴハン、あなたの身体が関数、処理されて出てきたもの(戻り値)がウンコです。

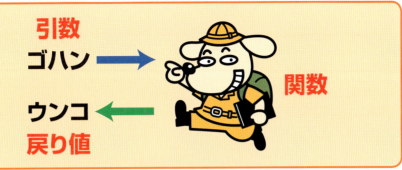

前項でつくったプログラムを書き換えてみましょう。まずは引数から。
まず、konichiwa.jsの()の中に、引数としてtentoを入れます。

konichiwa.js

```
function konichiwa(tento) {
  alert("こんにちは！ " + tento + "さん");
}
```

続いて、aisatsu.htmlも修正します。

aisatsu.html

```
<html>
  <meta charset="UTF-8" />
  <script type="text/javascript" src="konichiwa.js"></script>
  <script>
  konichiwa("テント");  // 引数に "テント" をわたします
  </script>
</html>
```

このプログラムでは、tento という変数に名前テントがわたってくると、"こんにちは！" "さん" がつけられて、"こんにちは！ テントさん" と表示します。

ただし注意したい点がひとつ。これ、表示される名前がテント限定のプログラムなのです。

もし、テント以外の名前——あなたやあなたの家族や友達の名前を表示したい場合は、aisatsu.htmlの「テント」のところに、表示したい名前を入れる必要があります。

●何度も同じことをくりかえすプログラム

次に、質問を出しまくるプログラムを考えてみます。4章でやったように、shitsumon.js をつくって、それを aisatsu2.html から呼び出せるようにしてみましょう。

shitsumon.js

```
var kotae = prompt("すきな食べ物は？", "");
if (kotae == "") {
  alert(" ？ ");
} else {
  alert(kotae + " ですか！ ぼくと同じですね。");
}
```

かんたんにしくみを解説しますと、はじめに質問が表示されます。

これに何も回答せずにenterを押しますと、こうなります。

好きな食べ物を入力すると、次のように表示されます。

同じパターンで、いろいろな質問プログラムをつくってみましょう。

shitsumon.js

```
var kotae = prompt("すきな食べ物は？ ", "");
if (kotae == "") {
  alert(" ？ ");
} else {
  alert(kotae + " ですか！ ぼくと同じですね。");
}

var kotae = prompt("嫌いな食べ物は？ ", "");
if (kotae == "") {
  alert(" ？ ");
} else {
```

```javascript
  alert("え？！ " + kotae + "ぼくは好きだよ。");
}


var kotae = prompt("行きたい国は？", "");
if (kotae == "") {
  alert("？");
} else {
  alert(kotae + " かあ？行けるといいねえ?");
}


var kotae = prompt("明日の予定は？", "");
if (kotae == "") {
  alert("？");
} else {
  alert(kotae + " ？ それっておいしいの？");
}


var kotae = prompt("今年の目標は？", "");
if (kotae == "") {
  alert("？");
} else {
  alert("ふーん。" + kotae + " ね。がんばってね。");
}


var kotae = prompt("休みの日はなにするの？", "");
if (kotae == "") {
  alert("？");
} else {
  alert(kotae + " はいいね。こんどいっしょにしよう。");
```

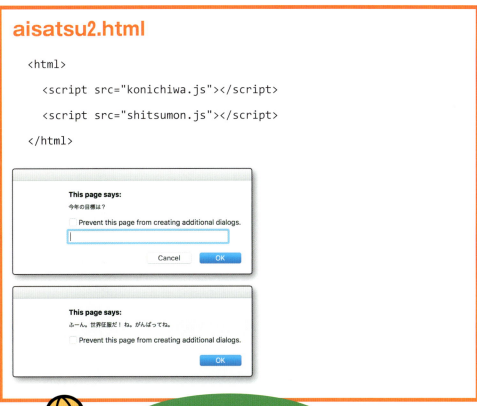

●関数を使ってみよう

　このプログラム、すこしややこしいですよね。一問ごとにプログラムを書かなければなりません。

　関数を使ってみましょう。

　念のため、shitsumon.jsは保存しておいて、shitsumon2.js とファイル名を変えて保存したもので作業します。

質問の中身を引数でわたせるようにしてみます。

返事には2種類ありました。

"kotae + " ですか！ぼくと同じですね。"

となる場合と、

"え〜！ " + kotae + "ぼくは好きだよ。"

となる場合です。

言いかえると、kotaeが前に出ていて、そのあとに言葉がつづくパターンと、kotae の前後をセリフがはさむパターンとがあります。

そこで、引数をanswer1 と answer2 で kotae をはさむように、書いてみます。

shitsumon2.js

```
function shitsumon(question, answer1, answer2) {

  var kotae = prompt(question, "");

  if (kotae == "") {

    alert(" ？ ");

  } else {

    alert(answer1 + kotae + answer2);

  }

}
```

そしてこの関数 shitsumon(question, answer1, answer2) の引数に質問文と返信のセリフをわたして、呼び出すプログラムを追加します。

shitsumon2.js

```
function shitsumon(question, answer1, answer2) {
  var kotae = prompt(question, "");
  if (kotae == "") {
    alert(" ？ ");
  } else {
    alert(answer1 + kotae + answer2);
  }
}

shitsumon("すきな食べ物は？ ", "", " ですか！ ぼくと同じですね。");
shitsumon("嫌いな食べ物は？ ", "え～！ ", "ぼくは好きだよ。");
shitsumon("行きたい国は？ ", "", " かあ～ 行けるといいねえ～");
shitsumon("明日の予定は？ ", "", " ？ それっておいしいの？ ");
shitsumon("今年の目標は？ ", "ふーん。", " ね。がんばってね。");
shitsumon("休みの日はなにするの？ ", "", " はいいね。こんどいっしょにしよう。");
```

おお、ものすごく
すっきりしたぞ！

aisatsu3.html

```
<html>
  <script src="shitsumon2.js"></script>
</html>
```

aisatsu3.htmlをダブルクリックすることで、プログラムを実行することが

関数ってなんだ？

できます。

　ちなみに、"すきな食べ物は？"の関数の呼び出しで、2つめの引数に""をわたしていますが、これは空文字と呼ばれるもので、もともと入っている文字が一文字もないですよって意味です。

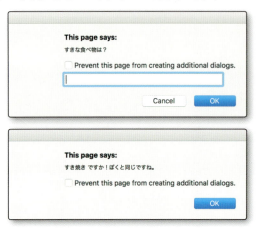

5-3 引数と戻り値

関数になにかをわたせば、かならず結果が返ってきます。これを戻り値と呼びます。これはどんな関数にどんな引数をわたしたかによって変わります。つまり、わたしたちが何を食べたか、あるいは誰が食べたかによって……。

●引数に数字を入れる

前項では、引数に文字を入れて、それをプログラムにわたす方法を学びました。

引数には、数字を入れることもできます。

tashizan.js

```
function tasu(a, b) {
  alert(a + b);
}
```

hikisuu.html

```
<html>
  <meta charset="UTF-8" />
  <script type="text/javascript" src="tashizan.js"></script>
  <script>
    tasu(5, 7);
  </script>
</html>
```

関数 tasu(a, b) の引数に 5 と 7 をわたすと、5 + 7 が計算されて、ダイアログにその答えの12が表示されました。

ところで、関数を使えば、数字だけでなく文字をわたすこともできましたよね。

mojiretsu.js

```
function tasu(a, b) {
  alert(a + b);
}
```

hikisuu.html

```
<html>
  <meta charset="UTF-8" />
  <script type="text/javascript" src="mojiretsu.js"></script>
  <script>
    tasu("5", "7");
  </script>
</html>
```

関数を使ってわたすのは同じ「5」と「7」ですが、この場合はまったく違う言葉が表示されます。

> んん？ どっちも同じプログラムを書いてるように見えるけど……。

　じつは、数字と文字の表記が異なっているのです。大きく変わっているのは、hikisuu.htmlでしょう。最初の例では、このように書いています。

```
tasu(5, 7);
```

　これは、5および7を数字として認識してね、ということです。そのため、5+7が計算され、答えの12が表示されます。
　しかし、あとの例では、hikisuu.htmlに次のように表記されています。

```
tasu("5", "7");
```

　これは、5および7を文字として認識してね、ということです。そのため、たし算にならずに、文字がくっついて表示されたのです。

> ""があるかないかで
> 数字か文字かがわかります

●戻り値で値を返す

　前項は引数という形で関数に数字をわたしました。関数の処理の結果として、値を戻すのが「戻り値」です。返り値ともいいます。
　……と、言っても雲をつかむような話なので、例を出して説明します。
　まず、ふつう「関数」は次のように記述されます。

```
function 関数の名前(引数) {
   関数の中身
   return 戻り値;
}
```

　これまでの例では、「return 戻り値;」が省略されていました。戻り値がなかったので、記述していなかったのです。

suujimodorichi.js

```javascript
function suujikaesu() {
  return 100;
}
```

modorichi.html

```html
<html>
  <meta charset="UTF-8" />
  <script type="text/javascript" src="suujimodorichi.js">
  </script>
  <script>
    var suuji = suujikaesu();
    alert(suuji + 10);
  </script>
</html>
```

　modorichi.html では、まず suujimodorichi.js を読み込んでおいて、suujikaesu() 関数を呼び出します。

　この関数の戻り値が100です。これを変数 suuji に代入しておき、そこに 10 を足して表示します。結果は次のようになります。

　戻り値100に10が加えられて、110になるわけです。

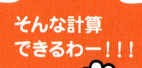

●戻り値で文字を返す

続いて、戻り値に文字が代入されているパターンを見てみましょう。

関数 tensai() は "天才！" を戻り値として返します。、

tensai.js

```
function tensai() {

  return "天才！";

}
```

tento.js

```
function tento() {

  return "テントくん";

}
```

関数 tento() は "テントくん" を返します。

mojiretsu.js

```
function mojitasu(a, b) {

  alert(a + b);

}
```

関数 mojitasu(a, b) は a と b をくっつけて表示します。

kuttsukeru.html

```
<html>

  <meta charset="UTF-8" />

  <script type="text/javascript" src="tensai.js"></script>
```

```
<script type="text/javascript" src="tento.js"></script>
<script type="text/javascript" src="mojiretsu.js"></script>
<script>
  var b = tensai();    // "天才！"
  var a = tento();     // "テントくん"
  mojitasu(a, b);
</script>
</html>
```

kuttsukeru.html をダブルクリックすると次のように表示されるはずです。

5-4 プログラムをスッキリしよう

関数を使えば、プログラムを短くスッキリ書くことができます。4章でつくった長いプログラムを、関数を使って短くしてみましょう。その方がミスも減りますし、他人に見せるときも親切です。

● **クイズプログラムを見てみよう**

では、4章で書いた長いプログラムを、関数を使って短くコンパクトにしてみましょう。

どういうプログラムだったか、簡単に振り返ってみます。

まず名前を聞いて……。

その名前を使ってあいさつして……。

問題を出して……。

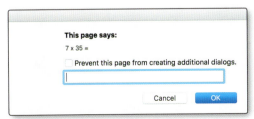

正解だったら「正解！」と表示。

まちがいだったら「ざんねん！」と表示。

　何問か問題を表示して、正解かそうでないかを表示したあと、合計点と平均点を表示して、

全問正解だった人をほめちぎるというプログラムでした。

覚えてるぞ！
全問正解なんてとうていムリなクイズプログラムだ！

●教科ごとにの関数を使う

まず、教科ごとのプログラムをもっとコンパクトにスッキリさせられないか、考えてみます。算数の問題を見てみましょう。こんなプログラムでした。

sansu.js

```
var seikai = 0;  // 変数を用意する
var kotae = prompt("7 × 35 = ", "");
if (kotae == 245) {
  alert("正解！ ");
  seikai = seikai + 1;  // 正解を 1 増やす
} else {
  alert("ざんねん！ ");
}

var kotae = prompt("112 - 53 = ", "");
if (kotae == 59) {
  alert("正解！ ");
  seikai = seikai + 1;  // 正解を 1 増やす
} else {
  alert("ざんねん！ ");
}
tensu[0] = seikai;  // 点数を保存する
```

質問を出して、"正解！"とか"ざんねん！"と表示して、答えあわせをする部分はすべての問題で共通です。これを、関数にまとめてみることにしましょう。

mondai.js

```
function mondai(question, answer) {
  var kotae = prompt(question, "");
  if (kotae == answer) {
    alert("正解！");
    return true;
  } else {
    alert("ざんねん！");
    return false;
  }
}
```

　まず、mondai.jsというプログラムをつくります。ここでは、正解ならtrueを、不正解なら false を戻り値にしておきます。ここでは正解・不正解の判定をします。

　続いて、正解なら1増えるようにしなければなりません。true だったら1増加するプログラムsansu2.jsをつくります。

sansu2.js

```
var seikai = 0;  // 変数を用意する
if (mondai("7 × 35 = ", 245) == true) {
  seikai = seikai + 1;  // 正解を 1 増やす
}
if (mondai("112 - 53 = ", 59) == true) {
  seikai = seikai + 1;  // 正解を 1 増やす
}
tensu[0] = seikai;  // 点数を保存する
```

●関数をもっとすっきりと

関数を使って、同じプログラムをよりシンプルにする方法もあります。

mondai.js

```javascript
function mondai(question, answer) {
  var kotae = prompt(question, "");
  if (kotae == answer) {
    alert("正解！ ");
    return 1; // 正解なら 1 を返す。
  } else {
    alert("ざんねん！ ");
    return 0; // 不正解なら 0 を返す。
  }
}
```

正解のときの戻り値を 1、不正解のときは 0 にします。続いて、mondai(question, answer) の戻り値を変数 seikai に足すプログラムをつくります。正解するたび 1 ずつ増え、不正解なら増えません。

sansu2.js

```javascript
var seikai = 0; // 変数を用意する
seikai = seikai + mondai("7 × 35 = ", 245);
seikai = seikai + mondai("112 - 53 = ", 59);
tensu[0] = seikai; // 点数を保存する
```

●すべての教科をすっきりと

同じように、国語・理科・社会のプログラムを書き直してみます。

ただし、答えが1つだけの算数のプログラムはそのまま使えないのです。そこで、答えがふた通りある国語のプログラムを例に書き直します。

国語のプログラムkokugo.jsのはじめの問題は次のようなものでした。

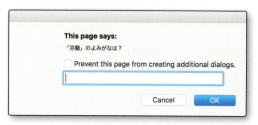

「フィンランド」と答えても「ふぃんらんど」と答えても正解になるようにしなければなりません。

読みがな聞かれると
ひらがなで答えちゃうよな

そこで、答えが2つあってもいいようにmondai.jsに関数 mondai2 (question, answer1, answer2) を追加します。

mondai2 (question, answer1, answer2) では、ifを使ってkotae が answer1 と answer2 のどちらかと同じなら "正解！" を表示するようにしています。

mondai.js

```
function mondai(question, answer) {
  var kotae = prompt(question, "");
  if (kotae == answer) {
    alert("正解！ ");
    return 1; // 正解なら 1 を返す。
```

```javascript
  } else {
    alert("ざんねん！");
    return 0; // 不正解なら 0 を返す。
  }
}


function mondai2(question, answer1, answer2) {
  var kotae = prompt(question, "");
  if (kotae == answer1 || kotae == answer2) {
    alert("正解！");
    return 1; // 正解なら 1 を返す。
  } else {
    alert("ざんねん！");
    return 0; // 不正解なら 0 を返す。
  }
}
```

これをつかって、それぞれの教科のプログラムを書き換えます。

kokugo2.js

```javascript
var seikai = 0; // 変数を用意する
seikai = seikai + mondai2("「芬蘭」のよみがなは？", "フィンランド", "ふぃんらんど");
seikai = seikai + mondai("「細魚」のよみがなは？", "さより");
tensu[1] = seikai; // 点数を保存する
```

つづけて理科と社会も書き直します。

関数ってなんだ？

rika2.js

```
var seikai = 0; // 変数を用意する

seikai = seikai + mondai2("昆虫の足は何本？", 6, "6");

seikai = seikai + mondai2("光合成では、空気中の二酸化炭素を吸収し、〇〇
を放出しています。〇〇とはなんですか？", "酸素", "さんそ");

tensu[2] = seikai; // 点数を保存する
```

shakai2.js

```
var seikai = 0; // 変数を用意する

seikai = seikai + mondai2("北海道の県庁所在地は？", "札幌", "さっぽろ");

seikai = seikai + mondai("日本で一番高い山は？", "富士山");

tensu[3] = seikai; // 点数を保存する
```

呼び出すプログラムを書き直してnewquiz2.htmlをつくって完成です。

newquiz2.html

```
<html>
  <script src="hairetsu.js"></script>
  <script src="konichiwa.js"></script>
  <script src="mondai.js"></script>
  <script src="sansu2.js"></script>
  <script src="kokugo2.js"></script>
  <script src="rika2.js"></script>
  <script src="shakai2.js"></script>
  <script src="goukei.js"></script>
  <script src="zenmonseikai.js"></script>
</html>
```

（hairetsu.js、konichiwa.js、goukei.js、zenmonseikai.js の 4つは、4章、p.127以降で紹介したものと同じ内容になります）

関数を使うとずいぶんプログラムを短くできるんだなあ

関数を使いこなせれば自在にプログラミングできるようになったってことです

5-5 プログラムを見やすくしよう

プログラムがどう書かれていようと、それが正しいものならばコンピュータはまったく気にしません。「見やすい」のを求めるのは人間です。ただし、プログラムはふつう、みんなで見るものなのです。

●なんで見やすくなきゃいけないの？

　関数を使えば、プログラムを短く、きれいに書くことができます。ただし、だから劇的に効果があらわれるか、というとそうではありません。

　コンピュータが開発されたばかりのころは、たとえば10行のプログラムを3行で表現することはたいへん奨励されました。マシンパワーがあまりなかったので、短いプログラムのほうが、処理に時間がかからずに済みました。

　ところが、現在のコンピュータでこの問題に悩まされることはあまりありません。すくなくとも本書で扱った程度のプログラムなら、どんな書き方をしても処理時間に大きな差が現れることはないでしょう。

　たとえば、次のようなプログラムを書いたとします。

fukuzatsu.js

```
var n = prompt("おなまえは？ ", ""); while (true) {
var k = prompt("3.14 * 2 = ", ""); if (k != "6.28") { alert("はずれ。");
continue; } alert("正解。"); var k =
prompt("では、南半球でクリスマスのときの季節は？ ", ""); if (k != "夏") {
alert("はずれ。"); continue; } alert("正解。");
var k = prompt("楽譜で、音の一時的な休止を示す記号は？ ", "");
```

```
            if (k != "休符") { alert("はずれ。"); continue; } alert("正解。");
            var k = prompt("夏の大三角形といえば、ベガとデネブとなに？", "");
            if (k != "アルタイル") { alert("はずれ。"); continue; } alert("正解。");
            var k = prompt("2020年に予定されているオリンピック開催地は？", "");
            if (k != "東京") { alert("はずれ。"); continue; } alert("正解。");
            break; } alert("全問正解おめでとう！！ すごいね！" + n + "さん");
```

　なんだかよくわからないですね。わかる！って人もいるかもしれないけど、こいつはなかなか難しいプログラムのように見えます。

fukuzatsu.html

```
<html>
    <script src="fukuzatsu.js"></script>
</html>
```

　これは、今までつくったのと同じ、クイズのプログラムです。

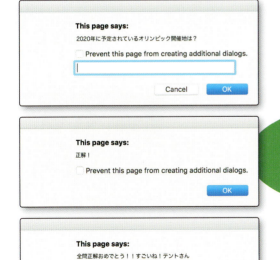

クイズの問題は
前よりずいぶん難しく
なっているようだが……

このプログラムを見てもわかるように、プログラムは、ルールさえ守っていれば、どんな書き方をしてもいいのです。

読みにくいプログラムを書くのはたいへんよくないこととされていますが、コンピュータはそれがきれいに書かれていようと、きたなくて見づらかろうと気にしません。きれいに書かないといけないのは、人間のためです。

プログラムが大きくなると、ひとりでつくることはできません。みんなでつくる必要があります。みんなでつくるとなれば、「自分だけがわかっている」というわけにはいきません。

会社やチームのような仲間でコーディング規約と呼ばれるものがつくられ、みんなができるだけ同じような書き方をするのはそのためです。

さっきの見にくいプログラムも、改行やインデント（空白を行のあたまに入れる）を入れ、変数の名前をわかりやすいものに変えると、ずっと見やすいものに変わります。

kantan.js

```javascript
var tento = prompt("おなまえは？ ", "");
while (true) {
  var keisan = prompt("3.14 * 2 = ", "");
  if (keisan != "6.28") {
    alert("はずれ。");
    continue;
  }
  alert("正解。");

  var kisetsu = prompt("では、南半球でクリスマスのときの季節は？ ", "");
  if (kisetsu != "夏") {
    alert("はずれ。");
    continue;
  }
```

```javascript
    alert("正解。");

    var ongaku = prompt("楽譜で、音の一時的な休止を示す記号は？ ", "");
    if (ongaku != "休符") {
    alert("はずれ。");
    continue;
  }
    alert("正解。");

    var seiza = prompt("夏の大三角形といえば、ベガとデネブとなに？ ",
    "");
    if (seiza != "アルタイル") {
    alert("はずれ。");
    continue;
  }
    alert("正解。");

    var sports = prompt("2020年に予定されているオリンピック開催地は？ ",
    "");
    if (sports != "東京") {
    alert("はずれ。");
    continue;
  }
  alert("正解。");
  break;
}
alert("全問正解おめでとう！！ すごいね！ " + tento + "さん");
```

ちなみに、kantan.jsの一部、

```
keisan != "6.28"
```

は、変数keisanの内容が6.28と同じでなかったら、ということを表しています(41ページ参照)。

> このプログラムはwhile(true) をつかって、無限ループにしてあります。正解だと次へすすめるけど、不正解だと continue、永遠に終わりません。

> なんて意地悪なプログラムなんだ！

●関数を使ってスッキリしよう

関数を使うと、さきのプログラムをさらにスッキリすることができます。そのためにはどんなプログラムなのか、理解する必要があります。

> コンピュータじゃなくて人間が考えるんだから整理されていないといけないんだ

sukkiri.js

```javascript
/* 出題プログラム */
function mondai(mondaibun, kotae) {
  var answer = prompt(mondaibun, "");
  if (answer != kotae) {
    alert("はずれ。");
    return false;
  }
  alert("正解。");
  return true;
}
```

```
/* 問題全5問 */
var tento = prompt("おなまえは？", "");
while (true) {
  if ( mondai("3.14 * 2 = ", "6.28") == false ||
      mondai("では、南半球でクリスマスのときの季節は？", "夏")
      == false ||
      mondai("楽譜で、音の一時的な休止を示す記号は？", "休符")
      == false ||
      mondai("夏の大三角形といえば、ベガとデネブとなに？", "アルタイル")
      == false ||
      mondai("2020年に予定されているオリンピック開催地は？", "東京")
      == false) {
    continue;
  }
  break;
}
alert("全問正解おめでとう！！ すごいね！" + tento + "さん");
```

問題を出すプログラムを mondai(mondaibun, kotae) 関数にまとめてしまって、実際の問題と答えは、引数でわたしています

HTMLはこんな感じです。

sukkiri.html

```
<html>
  <meta charset="UTF-8" />
  <script type="text/javascript" src="sukkiri.js"></script>
</html>
```

最初はごちゃっとして複雑だったプログラムを、わかりやすく書きなおして、さらに、関数を使って整理しました。

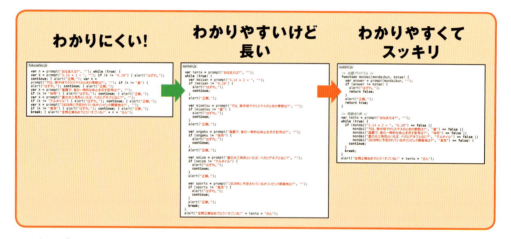

プログラムは、つくるだけではありません。ミスがないかチェックする必要もあります。そのときにも、きれいでコンパクトにまとまったプログラムは、ミスが入りにくいと言われています。

ゴチャゴチャしているプログラムは読むのも大変ですし、何千行、何万行にもなってしまった長いプログラムもとても読みにくいです。関数に分けたり、インデントしたり、わかりやすい変数名をつけたりといった工夫がミスを減らし、「よいプログラム」をつくることにつながります。

第 5 章

関数ってなんだ？

171

第6章 グローバルとローカル

変数には「使いどころ」がある

　変数は本書でも幾度となく使いました。ただし、変数はよく考えないで使うと思わぬワナがあるのです。間違って使っているのにコンピュータは「間違ってる」と伝えてくれません。なぜなら、そこでは正しいからです。人間が「こういう意味だ」と考えているのに、変数がそのとおりに動いてくれないことがあるのです。

　そういうときは、人間のほうで区別する必要があります。それがグローバル変数とローカル変数です。言いかえれば、内容が書き換わって意味が変わってしまうような場面では、別の変数を立ててそれを防ぎます。

　一方、JavaScriptのよい点は、なにかミスがあるとブラウザがそれを伝えてくれること。その方法をご紹介します。

THE TENTOKUN DAYS 6
グローバルってなんだ

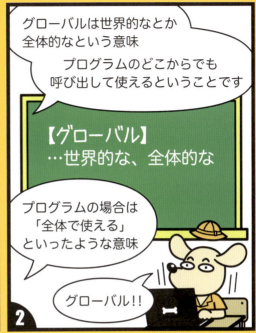

6-1 変数とはなにか

変数がなければどうにもならないみたいに、この本ではたくさんの変数が出てきます。……どうにもならないんです、すくなくともJavaScriptは！ 変数についてあらためて考え直してみましょう。

●変数をもう一度見てみよう

変数とは、中身が変えられる数のことです。この章では、そんな変数にも種類があることを見ていきます。

まずは簡単なプログラムから。

jikoshokai.html

```
<script>
  var name = prompt("おなまえは？ ");
  confirm(name + "でいいですか？ ");
  alert("こんにちは！ " + name + "さん");
</script>
```

この場合のnameは変数でした。nameに入ったものを、alertで表示するプログラムでした。

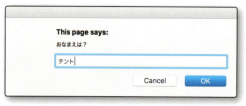

この場合はnameにテントが入っていますが、もちろん鈴木でも佐藤でもよ

いのです。

変数は好きなものが
入れられるってこったな

● 関数を使ったプログラムの例

続いて、前章で扱ったプログラムを見てみましょう。

tasu.js

```
function tasu(A, B) {
  return A + B;
}
```

この例では、tasu(A, B)を宣言して、引数AとBを関数の中で足し算し、returnでその答えを返しています。

このとき、AとBは、どちらも変数です。

suuji.html

```
<html>
  <script t src="tasu.js"></script>
  <script>
    C = tasu(5, 2);
    alert("5 + 2 = " + C);
  </script>
</html>
```

Cに5+2の足し算の結果の7がはいり、それが alert("5 + 2 = " + C) で表示されました。

計算も全部これぐらい
簡単だといいんだけどな

さらに別のプログラムから関数tasu(A, B)を呼び出してみましょう。

mojiretsu.html

```
<html>
  <script src="tasu.js"></script>
  <script>
    D = tasu("アップル", "パイ");
    alert("アップル + パイ = " + D);
  </script>
</html>
```

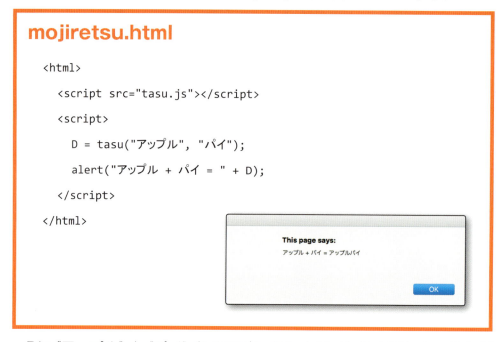

　Dに "アップル" と "パイ" をつなげた "アップルパイ" がはいり、それが alert("アップル + パイ = " + D) で表示されました。

　このように、A と B には、数字の場合も文字列も代入できました。

計算と同じしくみで
文字も表せちゃうのだ！

6-2 グローバル変数を使ってみよう

変数は自由に扱ってよいのですが、使う場所を間違ってしまうと、望んだ結果が得られなくなってしまいます。変数にはグローバル変数とローカル変数、2種類あるので、まずはグローバル変数について知りましょう。

●変数を準備する

次のプログラムを考えてみましょう。前項のtasu.js と違う点は、関数の前に変数 Cが準備してあることです。

tasu2.js

```
var C; // ★ここで準備しておく
function tasu(A, B) {
  C = A + B;
}
```

このプログラムを呼び出す suuji2.html をつくってみましょう。

suuji2.html

```
<html>
  <script src="tasu2.js"></script>
  <script>
    tasu(5, 2);
    alert("5 + 2 = " + C);
```

```
        </script>
    </html>
```

結果は、前項で示したtasu.js と suuji.html のときとまったく同じです。5 + 2 の計算結果 7 が表示されます。

●グローバル変数

ふたつのプログラムを見比べると、tasu2.jsとsuuji2.htmlの場合は、returnを使って関数 tasu(5, 2) の戻り値を受けとっていません。変数 C がいきなり alert("5 + 2 = " + C) のように利用されています。

この C は、tasu2.js の最初に準備した var C なのです。

tasu2.js
```
var C; // ★ここで準備しておく
function tasu(A, B) {
    C = A + B;
}
```

suuji2.html
```
<html>
    <script src="tasu2.js"></script>
    <script>
        tasu(5, 2);
        alert("5 + 2 = " + C);
    </script>
</html>
```

変数 C をあらかじめ準備しておいて、関数 tasu(A, B) の中で答えを決めてしまえば、プログラム中のどこからでも変数 C を呼び出して利用できます。じつはこれ、たいへんに便利です。たとえば、ゲームをつくるとき。ゲームの点数や、残り時間などを変数にしておけば、同じ情報を何度も利用できます。たとえば変数 C と書くだけで、点数など決められた値が利用できるのです。これをグローバル変数といいます。

グローバルとは世界的とか全体的とかいう意味。グローバル変数とは、プログラムのどこからでも呼び出して利用できる、グローバルに活躍できる変数という意味です。

第 4 章で平均点を計算したときも、配列を用意しておいてあらかじめ書いておいた変数を利用しました。グローバル変数の一例です。

> グローバル変数はとっても便利
> ただし使い方に注意が必要です

●グローバル変数を使うなら注意せよ！

グローバル変数はどこからでも呼び出すことができるたいへん便利な変数です。ただし、使うなら注意が必要。どこからでも呼び出せる反面、どこからでも書きかえができてしまいます。

たとえば、次のようなプログラムを考えてみましょう。

hiku.js

```
var C;
function hiku(A, B) {
  C = A - B;
}
```

まずは、引き算をする関数 hiku(A, B) を hiku.js で用意しておいて、suuji3.html で読みこみます。

suuji3.html

```html
<html>
  <script src="tasu2.js"></script>
  <script src="hiku.js"></script>
  <script>
    tasu(5, 2);
    hiku(10, 5);
    alert("5 + 2 = " + C);
    alert("10 - 5 = " + C);
  </script>
</html>
```

このプログラムは前つくったtasu2.jsと新しいhiku.js、それぞれを読み込んでいます

このプログラムを動かしてみると、

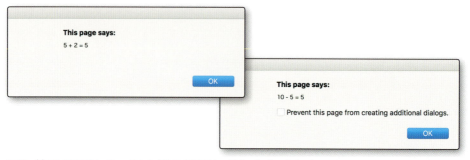

足し算の結果は5、引き算の結果も5になりました。

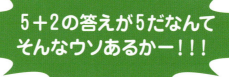
5＋2の答えが5だなんてそんなウソあるかー！！！

これは、tasu2.js も、hiku.js もおなじ変数 C を使っているためです。あとから書き込んだ方が使われるので、hiku.js の方が使われてしまいます。あとから書き込んだほうが勝つのです（これを「後勝ち」と呼ぶことがあります）。
　では、この問題を解決しましょう。

hiku2.js

```
var D;
function hiku2(A, B) {
  D = A - B;
}
```

新たに変数Dを用意して、hiku2.jsとします。これを実行しましょう。

suuji3.html

```
<html>
  <script src="tasu2.js"></script>
  <script src="hiku2.js"></script>
  <script>
    tasu(5, 2);
    hiku(10, 5);
    alert("5 + 2 = " + C);
    alert("10 - 5 = " + D);
  </script>
</html>
```

これで無事に足し算の答えは 7、引き算の答えは 5 と表示できました。

●よくある間違い

ちなみに、次のように書くと、誤ってしまうことがとても多いです。

hiku2.js

```
var D;
function hiku2(A, B) {
  C = A - B;
  D = C;
}
```

同じように変数 D を用意しました。そのうえで、C から D にうつしかえています。

すると、やはり足し算も引き算も答えは5と表示されてしまうのです。

当然ですよね。いったん変数 C に 10−5 の結果を代入してから、変数 D にうつしかえてるのですから、変数 C の中身は、やっぱり5です。

こういう場合、他の関数で使っている変数 C はできるかぎり使わないようにしましょう。

6-3 ローカル変数を使ってみよう

グローバル変数がうまく機能しないような場面で活躍するのがローカル変数です。「グローバル」「ローカル」とはなんでしょうか？　どういうときに、どちらを使うのが望ましいのでしょうか？

●グローバル変数の欠点

　グローバルな変数は、情報の再利用が簡単になるので便利な反面、思わぬところで書きかえられたりしてしまうので、使用するときには細心の注意が必要です。

> プログラミングって気をつかわないとできないの？

　もちろん気をつかわずに使用できる変数も存在します。それが、ローカル変数です。

●ローカルな変数ってなんだ

　ローカルとは、英語で local と書き、地方とか、地元とか、地方固有のという意味になります。グローバルとは反対の意味です。

　プログラミング語では、ローカルとは、ある関数の中など、限定された範囲のことを指します。わかりやすくいえば、ローカル変数とは、関数の中だけで使える変数という意味です。

　具体例を見てみましょう。

local.js

```
function local() {
  var hensu = "へんすう";    // hensuは、関数local() の中にある
  alert(hensu);    // hensuの中身を、関数local()の外側で表示してみる。
}
```

local.html

```
<html>
  <script src="local.js"></script>
  <script>
    local();
  </script>
</html>
```

　以前つくったtasu2.jsと大きく異なる点は、変数varの位置です。関数local()のあとで書かれていることに注意しましょう。関数 local() の中で宣言しているので、使われる範囲は関数 local() の中だけです。これをローカル変数と呼びます（じつは、これまで扱ってきた変数はたいがいこれです）。

●変数の名前は同じでも……

すこし特殊な例を見てみましょう。

locallocal.js

```
function local() {
  var hensu = "へんすう";    // hensuは、関数local() の中にある
  local2();        // local()からlocal2()を呼び出してみる。
  alert(hensu); // hensuの中身を、関数local()で表示してみる。
```

```
  }

  function local2() {
    var hensu = "２つめのへんすう"; // hensu2は、関数local2() の中にある
    alert(hensu); // hensuの中身を、関数local2()で表示してみる。
  }
```

local.html

```
<html>
  <script src="locallocal.js"></script>
  <script>
    local();
  </script>
</html>
```

　これは、同じ hensu という名前の変数を使っていますが、local() の中で local2() を呼び出しているのに、「へんすう」と「２つめのへんすう」がきちんと表示されます。

　local()の中の hensu と、local2() の中の hensu が別物だからです。

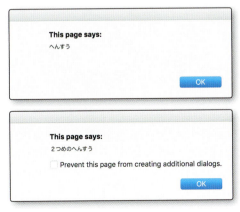

●使いわけをどうするか

　グローバル変数とローカル変数、どんな場合に、どのように使いわけるかはなかなか難しい問題です。これまで見てきたとおり、どちらも一長一短で、使いわけを誤るとプログラムがとんでもない誤動作をしてしまうこともあり得ます。逆にいえば、プログラムが正しく動くなら、グローバルでもローカルでも、どちらでも問題ないのです。

　使いわけのコツを簡単に述べておきましょう。

●ローカル変数の使いどころ

　ローカル変数とは、近所の人の間でしか通じない数や文字の変数です。

　たとえば、一緒に暮らしているお兄さんと「ラーメン屋」といえば、あのラーメン屋ですよね。たいがいは近所で、2 人が行ったことがある共通の場所です。間違っても何百キロも離れた町にある、自分しか行ったことのないラーメン屋ではありません。

　ローカル変数では、同じ変数名でも、内容が違ってしまいます。「ラーメン屋」だけでお兄さんと会話ができるのは、それが「近くの」「お兄さんと自分がよく知ってる」ラーメン屋である、という了解事項があるからです。

たいして、グローバル変数はもっと一般的なものです。たくさんの人と共有できる数や文字の変数です。この場合、ただ「ラーメン屋」と言ったのでは、話が通じませんね。

　月や太陽の大きさや、100メートル走の世界記録や、日本一高い山だったり、世界一長い川など、誰もが共有している情報を入れておく入れ物です。

　たとえばゲームでは、キャラクターのライフポイントや、エネルギーの量など、キャラクターごとの情報をローカル変数にすることが多いようです。そのキャラクターが出ているときだけに必要な限定された情報だからです。

　たいして、ゲームの点数や、残り時間などは、グローバル変数にされることが多いようです。数値はもちろん変わりますが、何度も使う必要のある情報であるためです。

6-4 ミスをみつけよう

JavaScriptの利点のひとつは、特別な環境を必要とせずコンピュータならたいがい入っているブラウザで動作することです。ミスの発見も、ブラウザが活躍します。その方法をお伝えしましょう。

● ブラウザで検証する

　プログラムを実行するのはコンピュータですが、プログラミングは人間のすることです。どうしたって間違いはあります。JavaScriptのプログラムがうまく動かないとき、比較的容易に探し出す手段があります。

local2.js
```
function local() {
  var hensu = "へんすう";  // hensuは、関数local() の中にある
}
alert(hensu);  // hensuの中身を、関数local()の外側で表示してみる。
```

　このプログラムがうまく動けば、「へんすう」という文字が表示されるはずです。
　local.html をつくってみましょう。

local.html
```
<html>
  <script src="local2.js"></script>
  <script>
```

```
        local();
    </script>
</html>
```

ところが、結果はこうなってしまいます。

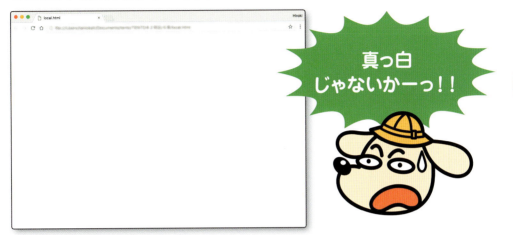

真っ白になってしまったのは、ミスがあるからです。ミスを探してみましょう。

まずは、画面の上にマウスポインタをもっていって、右クリック（Macの場合は[control]を押しながらクリック）してみましょう。

すると、メニューが表示されます。

メニューの中の[検証]をクリックします。

すると、ページの内容を検証して、なぜ真っ白しか表示できないのか、理由を教えてくれます。

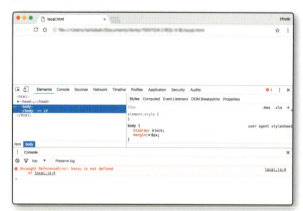

local.html がどうしてまっ白になってしまったのかは、文字が赤く表示されているところを見ればわかりそうです。

このあたり、英語が理解できるとわかりやすいのですが、そうでない場合もわかることはあります。

> `at local.js:4`

と記してありますね。これは、「local.js の 4 行目がまずい」という意味です。

英語がある程度わかると、この「Uncaught ReferenceError: hensu is not defined」という文章からもエラーの原因がわかることがあります。この文は日本語で、「キャッチできない参照エラー：hensu は定義されてない」という意味です。つまり、「hensu という変数がないよ！」といわれています。

　関数 local() の中にはhensu がありますが、関数 local() の外側で使おうとすると、そんなのないよ！ になってしまうわけです。ローカル変数の特徴です。

　ブラウザにはたいがい、このようにウェブページを解析したり、プログラムをデバッグしたりするツールがついています。ここではブラウザにChromeを使っているので、このような画面になりました。

コラム

デバッグ

　デバッグという言葉があります。なにかプログラムにエラーがあったとき、原因をつきとめて、修正することです。英語では debug と書きます。この単語の中の「bug」とは、「虫」のことです。

　ずーっと昔、コンピュータが部屋を占拠するほど大きかったころ、エラーが起きました。原因は虫（蛾）がはさまっていたため。以来、プログラムのエラーを取り除くことをデバッグと呼んでいます。

はさまってた虫を
退治したら
ちゃんと動いたのかなー

第7章
JavaScriptを使っていろいろやる
ウェブページを変化させる

　これまで、プログラミング言語であればたいがい備えている概念についてご紹介してきました。これをしっかり把握しているならば、あなたはJavaScriptだけでなく、他の言語（Cとか、Javaとか、Pealとか）に対するときも、まったくのゼロでないところから習い覚えることができます。

　この章で扱うことは、JavaScriptならでは、と言えるかもしれません。JavaScriptは、ウェブページに表示された文字や絵などを、自由に扱うための言語なのですから。必要なのがブラウザ（たいがいのパソコンやスマートフォンには備えられている、ウェブページを見るためのソフトウェア）だけなのもそのためです。JavaScriptを使って、ウェブページを改造してみましょう。

THE TENTOKUN DAYS 7
ねずみ小僧テントくん

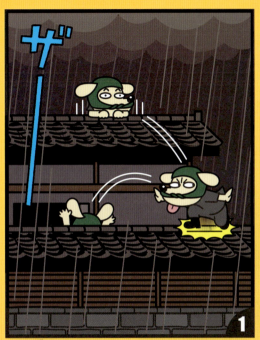

7-1 絵の大きさを変えてみよう

JavaScriptを使えば、すでに決まっているCSSを変更することができます。ここでは絵を大きくする方法を紹介していますが、スタイルを変更できるわけですから、色でも、文字のかたち（フォント）でも同じ方法で変えられます。

●ページに画像を表示させよう

簡単にHTML/CSSの復習をしてみましょう。

ページ内にテントくんの画像（tento.png）を表示させます。別にこれはテントくんでなければならないということではなく、あなたの好きな絵や写真でもいいのです。

tento.html

```
<html>
  <head>
    <title>テントくんだ！</title>
    <style>
    h1, div {
      text-align:center;
    }
    </style>
  </head>
  <body>
    <h1>テントくんだ！</h1>
```

```
        <div><img src="tento.png"></div>
    </body>
</html>
```

　<style> ... </style> というタグでかこまれた部分は、ページの見え方を変えるところ(CSS)です。ここでは、

```
h1, div {
 text-align:center;
}
```

　とすることで、h1 と div というタグを、真ん中に表示するように指定しています。
　(ページのデザインを変えたいときは、HTMLやCSSを操作します。『12歳からはじめるHTML5とCSS3』という本でおぼえるのがオススメです！)

●ボタンをつくる

　続いて、ここに表示されたテントくんを、大きくしてみましょう。まず、ページ内に大きくするボタンをつくります。ボタンを表示するためのHTMLは下記のとおり。

```
<button>大きくする</button>
```

これでボタンがページの中にできるのですが、じつはこのボタン……。

ボタンになんの役割も与えられていないので、押したからといって何も起こらないのです。

そこで、「ボタンを押すとテントくんが大きくなるしくみ」を書き入れようと思います。

説明を容易にするために、JavaScriptは<script>タグを使って書き入れることにしましょう。

tento.html

```
<html>
  <head>
  <title>大きくする</title>
    <title>テントくんだ！</title>
    <style>
      body{
```

```
        text-align:center;

      }

    </style>

    <script>

    function big() {

      document.getElementById("gazo").style.width = "400px";

    }

    </script>

  </head>

  <body>

    <h1>テントくんだ！ </h1>

    <div><img id="gazo" src="tento.png" style="width:200px;">

    </div>

    <br>

    <button onClick="big()">大きくする</button>

  </body>

</html>
```

●きっかけを与える

まずはbuttonタグを見ていきましょう。

<button onClick="big()" >大きくする</button>

onClickは「クリックされたら」という意味です。buttonタグの中には、「ボタンがクリックされるとbig()が動き出す」と書いてあります。

onClickのようなものをイベントハンドラと呼びます。イベントを起こすきっかけを与えるもの、という意味です。この場合はボタンをクリックすることが「テントくんの絵を大きくする」というイベントのきっかけになっています。

イベントハンドラはほかに、「ドラッグ＆ドロップされたら」とか、「キーボードのキーが押されたら」とか「マウスが動いたら」とか、たくさんあります。知りたい人は、「JavaScript イベントハンドラ」で検索してみましょう。

> onClickをonMouseOver（マウスが上にきたら）とかonMouseMove（マウスが動いたら）に変えてみよう。しょっちゅうイベント（絵を大きくする）が発動して、ウザイぞ～！

イベントハンドラのいろいろ

onSelect	テキストが選択されたら
onLoad	ページが読み込まれたら
onKeyPress	キーが押されたら
onMouseOver	マウスが上にきたら
onMousemove	マウスが動いたら
onDrag	ドラッグしたら

> ほかにもいろいろあるので調べてみましょう

●IDのついたタグをもってこい！

　もうひとつ新しく登場しているのが、scriptタグの中、document.（ドキュメント）getElementById（ゲットエレメントバイアイディ）という命令です。

　前項まで、alertという命令をよく使いました。これは、「アラート（警告）ウィンドウを出せ！」という命令です。document.getElementByIdは、ひらたくいうと「IDのついたタグをもってこい！」という意味になります。

198

こういうものは意味がわかったほうが理解しやすいので、ちょっと細かく説明してみましょう。

document.getElementByIdのdocumentは、「ページ全体」を示します。日本語だと「文書」と訳したりします。つまり「ページ全体に与えられている命令である」ことを示しているのです（これについては、次項で詳しく述べます）。

getは「とる」とか「手に入れる」という意味。じゃあ何を「とる」かといえば、Elementです。

Elementという言葉は、「要素」という意味。なんでそんな難しそうな言葉が、と思いますよね？ じつは、Element ってHTMLのタグのことです。h1タグやpタグを、「h1エレメント」「pエレメント」と呼んだりします。「h1タグ」と言っても「h1エレメント」と言っても意味はまったく同じです。そのときに使う「エレメント」という言葉が使われているのです。

tagとelementは同じ意味ですがgettagではダメなのです

さて、大きさを変化させるテントくんの絵ですが、imgタグの中に、ふたつ新しい記述が見られます。

```
<img id="gazo" src="tento.png"
style="width:200px;">
```

ひとつはid="gazo"。idとはID、身分証明書のことをIDカードと呼んだりしますね。あれと同じですが、JavaScriptでは単に「名前」というだけの意味になっています。

ここでは、tento.pngにgazoという名前が与えられています。むろん、idは自由につけられますから、gazoではなくてtentoでもinuでもdogでも、好きな言葉をつけてよいのです。

したがって、document.getElementById("gazo")は、思いきりくだけて

言えば「gazoという名前（ID）のついたタグをとってこい！」という意味になります。

もうひとつ、style="width:200px;は、ページに表示されるテントくんの絵の大きさ（正確には横幅）を決めています。200px（ピクセル）と表示されています。このあたりは、『12歳からはじめるHTML5とCSS3』にくどくど説明してあるので参照してください。

したがって、

```
document.getElementById("gazo").style.width = "400px";
```

は、「gazoというIDのついた画像の横幅を400pxにせよ！」ということになります。つまり横幅を倍にしろと言っているわけです。とくに指定がないかぎり、横幅を倍にすれば縦幅も倍になります。これが、ボタンを押すと発動するわけですね。

注意しなければならないのは、HTMLのタグ内では

```
style="width:200px;
```

と表示されていたものが、JavaScriptでは

```
style.width = "200px";
```

となること。気をつけましょう。

> うむむむ……間違えそうだな

> JavaScriptのコードを
> HTMLふうに書くことはできないので
> 注意しましょう

　ちなみに、このプログラムには「小さくする」ボタンがついていませんので、一度大きくした絵を元に戻すことはできません。tento.htmlをもう一度ダブルクリックして開くか、[F5]ボタンを押してページを再読み込みするかしましょう。

　（練習のために、「小さくする」ボタンをつくってもいいかもしれません！）

> テントくんを大きくする
> プログラムだぞ！

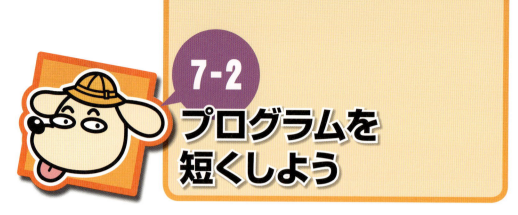

7-2 プログラムを短くしよう

前項では、document.getElementById("gazo")と書きました。1回ぐらいなら書いてもいいのですが、何度も書くとなるとさすがにおっくうですよね。JavaScriptには「ラクをするため」のしくみも備わっています。

●変数ookiiをつくる

こんなプログラムをつくってみましょう。

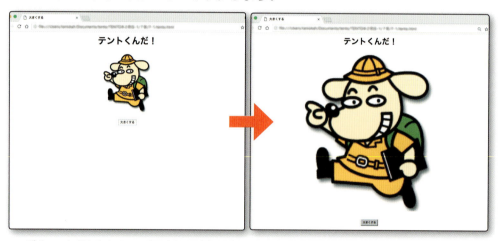

ボタンを押すとテントくんの絵の大きさがより大きくなるプログラムです。

カンタンだよ！
絵の幅を指定する数字を
大きくすればいいだけじゃないか！

まったくそのとおりです。

前項では200pxで表示されている絵を400pxになるようなプログラムを書き

ましたが、今回はボタンを押したら600pxになるようなプログラムを書けばよいですね。

tento.html

```html
<html>
  <head>
    <title>大きくする</title>
    <style>
    body {
      text-align:center;
    }
    </style>
    <script>
    function big() {
      var ookii;
      ookii = document.getElementById("gazo");
      ookii.style.width = "600px";
    }
    </script>
  </head>
  <body>
    <h1>テントくんだ！</h1>
      <div><img id="gazo" src="tento.png" style="width:200px;">
      </div>
      <br>
      <button onClick="big()">大きくする</button>
    </body>
</html>
```

ところがこのプログラム、前項と比べると書き方が少し変わっているのです。

変わっているのは以下の部分です。

```
var ookii;
ookii = document.getElementById("gazo");
ookii.style.width = "600px";
```

ookiiという変数を用意して、これはdocument.getElementById("gazo")であると指定しています。そのうえで、ookiiのスタイルを変更しているのです。

document.getElementById("gazo");のような表記は、この程度のプログラムなら一回書けば済みます。しかし、プログラムが長くなってくると、場合によってはdocument.getElementById("gazo");のような操作を、何度も何度もくりかえして行わなければならなくなることがあります。この際には、document.getElementById("gazo");とくりかえしのあるぶんだけ書かなければなりません。

ここでは、document.getElementById("gazo");をookiiという変数にして、以降ookiiと書けばよい、と設定しているのです。

プログラムを
より簡便な形で表現できます

document.getElementByIdなんて
長いから何度も書きたくないよな

● **命令の書き方**

ところで、今の例では、次のように書いています。

```
document.getElementById("gazo")
```

前項で、くだけて言うとこれは「gazoという名前のついたタグを持ってこい！」という意味である、と説明しました。持ってこいとは、誰にたいして言ってるのでしょう？

この場合はdocumentにたいして言っています。「ページ全体」という意味です。このように、命令を与える対象を表したものをオブジェクトと呼びます。

オブジェクトにはたくさんの種類がありますが、次のふたつのどちらかにふくまれることが多くなっています。

- **document**
- **ウィンドウ全体を意味するwindowオブジェクト**

documentはページ全体、windowはウィンドウ全体、言葉は違うけど一緒じゃないの？　と思うかもしれませんね。大違いです。例を出しましょう。

この本の最初の方で、次のようなコードを書きましたよね。

```html
<html>
  <head>
    <title>hello</title>
  </head>
  <body>
    <script>
    alert("hello,world");
    </script>
  </body>
</html>
```

これを実行すると、次のようなアラート（警告）のウィンドウが表示されました。（図は、2017年10月現在Chromeが表示するものです。）

　じつは、alertとは、window.alertを省略したものなのです。したがって、次のように書いても結果は同じです。

```
<html>
  </head>
    <title>hello</title>
  </head>
  <body>
    <script>
    window.alert("hello,world");
    </script>
  </body>
</html>
```

　window.は「閉じるマーク」をふくめた「ウィンドウそのもの」を新しく出力します。document.はページ全体という意味ですが、新たなウィンドウは出力されず、ページの中だけで変化が起こります。

　なお、window.は省略できます。
　promptやconfirmも、window.prompt、window.confirmのwindow.を省略したものです。オブジェクトにはいろいろあるけれど、多いのはdocumentオブジェクトとwindowオブジェクトです。

7-3 画像を変えてみよう

JavaScriptを使って、画像や文字の大きさ、色などを変化させることができるようになりました。JavaScriptにはより強力な、「表示されている絵を変える」「まったく別のことが書いてあるページにする」なんて機能も備わっています！

●テントくんがしゃべる！

次のプログラムをつくってみましょう。

テントくんの絵をマウスでクリックすると……（たたくと）

アラートが出て、「いてっ！」というものです。

jsファイル、HTMLファイルはそれぞれ次のようになります。

shaberu.js

```
var mouse;


window.onload = function() {
  ite();
};


function ite() {
  mouse = document.getElementById("tento");
  mouse.onclick = function() {
    alert("いてっ！");
  };
}
```

tento.html

```
<html>
  <head>
    <title>たたけ！</title>
    <script type="text/javascript" src="shaberu.js"></script>
    <style>
    body {
      text-align:center;
    }
    </style>
  </head>
  <body>
```

```
        <h1>たたけ！</h1>
        <div><img id="tento" src="tento.png" ></div>
    </body>
</html>
```

いくつか新しい項目があります。解説していきましょう。

jsファイル中、

```
window.onload = function() {
  ite();
};
```

とあります。

onloadは「ページがロードされたとき」という意味です。

HTMLはふつう、項目を上から順に処理していきます。したがって、中盤に書かれたshaberu.jsを読めという指示は、HTMLがそこに至ったとき実行されてしまうのです。ただし、この場合はそれを防ぎたいので（テントくんの絵が出てからアラートを出したいので）window.onloadを使っています。多くのwindowオブジェクトと同様、このwindow.は省略できます。

```
window.onload = function() {
  処理
};
```

という形で覚えてしまってもいいでしょう。ここでは、すべてのHTMLの表示が終わったとき（ロードされたとき）ite()という関数が使えるようになります。

ite()の内容は前項でやったとおりです。tentoというidがついた画像を持ってくる（getElementById("tento")）mouseという変数をつくっています。mouseをクリックすると（onclick）、「いてっ！」というアラートが出るわけです。

人の顔をマウスでカチカチするなー！

●絵が変わるプログラム

　続いて、まったく同じプログラムを使って、テントくんの表情を変えてみましょう。テントくんの絵をマウスでクリックすると……

テントくんの表情が変わる、というものです。

shaberu.js

```
var mouse;

window.onload = function() {
  ite();
};
```

```
function ite() {
  mouse = document.getElementById("tento");
  mouse.onclick = function() {
    mouse.src = "naki.png";
  };
}
```

tento.html

```
<html>
  <head>
    <title>たたけ！</title>
    <script type="text/javascript" src="shaberu.js"></script>
    <style>
    body {
      text-align:center;
    }
    </style>
  </head>
  <body>
    <h1>たたけ！</h1>
    <div><img id="tento" src="tento.png" ></div>
  </body>
</html>
```

泣き顔画像naki.pngを同じフォルダに用意しておかなきゃいけないのだ！

● 文字を変える

これまで、ページに「たたけ！」と表示されていました。これを、「あんまりカチカチするなー！！」に変えてみたいと思います。

tento.html

```html
<html>
  <head>
    <title>たたけ！</title>
    <script type="text/javascript" src="moji.js"></script>
    <style>
    body {
      text-align:center;
    }
    </style>
  </head>
  <body>
    <h1 id="moji">たたけ！</h1>
    <div><img id="tento" src="tento.png" ></div>
  </body>
</html>
```

今度はHTMLの要素h1にidがついていますね。この文字を変えようというわけです。

moji.js

```javascript
var mouse;


window.onload = function() {
```

```
      ite();
   };

   function ite() {
      mouse = document.getElementById("moji");
      mouse.onclick = function() {
         mouse.innerHTML = "あんまりカチカチするなー！！";
      };
   }
```

変えるのは文字ですから
今度は画像ではなく
文字の上でクリックする
のです

このように、HTMLの要素に変化を与えたいとき、innerHTMLと表記します。

また、文字の色や大きさなど、CSSに相当することも自由に変えることができます。

「でも優しく頼むね」という文字を……

色をつけて大きさを変えられます。

tento.html

```
<html>
  <head>
  <title>たたけ！</title>
    <script src="hitokoto.js"></script>
    <style>
    body {
      text-align:center;
    }
    </style>
  </head>
  <body>
    <h1>たたけ！</h1>
    <p id="hitokoto">でも優しく頼むね</p>
    <div><img id="tento" src="tento.png" ></div>
  </body>
</html>
```

hitokoto.js

```javascript
var mouse;

window.onload = function() {
  ite();
};

function ite() {
  mouse = document.getElementById("hitokoto");
  mouse.onclick = function() {
    mouse.innerHTML = "<p style='color:red;font-size:32px;'>でも優し
    く頼むね</p>";
  };
}
```

つまりHTML/CSSは
すべてJavaScriptで変えられるのです

JavaScriptを使えば
ページに変化を与えられるってことだな

第8章 ゲームをつくろう！

イベントとタイマーを使ってゲームをつくる

　これまで、JavaScriptのさまざまなテクニックをマスターしてきました。これを応用しつつ、新しい知識をくわえて「モグラたたきゲーム」をつくってみましょう。モグラの役目をつとめるのはわれらがテントくん。テントくんをマウスでクリックすると、それが「モグラをたたいた」と見なされて点数が上がるしくみです。

　ここで紹介したテクニックは、もちろん他のゲームでも応用することができます。自分なりのゲームを組み立ててみましょう。

　このゲームはもちろん友達や家族など自分以外の人にプレイしてもらうことを目的としています。つくり方はここで述べますが、すべては自分のパソコンの中だけで行われています。みんなで楽しむには「サーバにあげろ！(24ページ)を見てくださいね。

THE TENTOKUN DAYS 8
ゲームをつくる

8-1 現れたり消えたり

ゲームを作成するにあたり、みなさんがしなければならないのは、まず設計図をつくることです。設計図には、どういうゲームにしたいか、そしてどういうしくみでそれを成り立たせるかを考えます。

● 設計図を書く

　これまではどちらかというと、JavaScriptを使ったプログラムで、コンピュータに仕事をさせることを考えてきました。人間のかわりに算数の計算をやらせたりすると、コンピュータはすごい威力を発揮します。ここでは、自分が楽しめるようなものをつくってみましょう。そう、ゲームをつくるのです！

　コンピュータ・ゲームをつくるとなれば、まずそのルールをコンピュータにしっかり把握させなければなりません。どんな簡単なゲームだってルールはあります。チョキはパーより強いというのもルールですし、笑っちゃダメよと言われて笑っちゃったら負けというのもルールです。

ゲームあるところルールがある。深いな〜。

コンピュータ・ゲームをつくる場合これをコンピュータに理解させなければなりません

　さらに、コンピュータに伝えなければならないのは、それをどのようにして実現するかです。
　まずは「こんなゲームをつくりたい」という設計図を書いてみましょう。な

にかをつくるとき、設計図はかならず必要になります。家を建てるときにも、自動車をつくるときにも、設計図は必要です。ものが大きく複雑になり、関わる人の数が増えれば増えるほど、設計図は詳細なものが求められるようです。

●モグラたたきゲーム

　テントくんのモグラたたきゲームをつくってみます。こんな設計図を書いてみました。

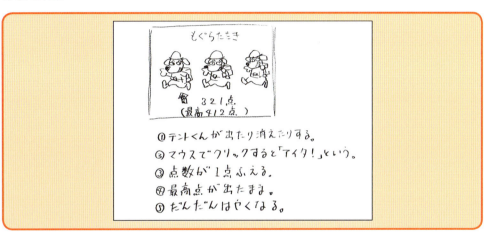

　ルールは、こんな感じです。

① **テントくんが出たり消えたりする。**
② **マウスでクリックすると泣き顔になる。**
③ **クリックするとモグラ（テントくん）をたたいたことになり、1点入る**
④ **最高点を表示しておく。**
⑤ **絵を表示するスピードはだんだん早くなる。**

　モグラたたきゲームは穴を出たり入ったりするモグラをトンカチでたたくゲームですが、ここでは現れたり消えたりするテントくんの絵を、マウスでクリックする形をとります。現れたテントくんをクリックできれば、トンカチでモグラをたたいたのと同じで、ポイントになるわけです。

　まず、ベースとなるHTMLプログラムをつくります。こんなページです。

mogura.html

```html
<html>
  <head>
    <title>もぐらたたき</title>
      <script src="tataku.js"></script>
    <style>
    h1, div {
      text-align:center;
    }
    </style>
  </head>
  <body>
    <h1>もぐらたたき</h1>
    <div><img src="tento.png" id="gazo"></div>
  </body>
</html>
```

<style>としてh1とdivが真ん中に表示される（text-align:center）ようにしています

tento.pngにgazoというidがついてるんだな

<script>に入っているtataku.jsをこれからつくっていって、モグラたたきゲームを完成させます。

●現れたり消えたりする

さて、tataku.jsに次のようなプログラムを書き入れてみましょう。

tataku.js

```javascript
var tentokun;

window.onload = function() {
  start();
};

function start() {
  tentokun = document.getElementById("gazo");
  tentokun.style.visibility = "hidden";
}
```

うまくいったなら、次のような画面が表示されたはずです。

前項でもふれたことが多いですが、ひとつひとつ振り返ってみましょう。

```
window.onload = function() {
  start();
};
```

これは、「ウィンドウがロードされたとき」つまりすべてが表示されたあとでstart()という関数が発動することを示しています。

start()の内容は、そのあとに書かれています。まず、tentokunという変数をつくっています。これは、document.getElementByIdを使って、gazoというidがついたタグを持ってきています。imgタグですね。

次に、tentokunという変数のstyle(スタイル)を変更しています。変えるのは、visibility。目に見える度合いという意味です。これが、"hidden(隠れた)"になっているため、テントくんの絵が見えなくなってしまったのです。

```
tentokun.style.visibility = "hidden";
```

と書かれた部分を

```
tento.style.visibility = "visible";
```

とすればテントくんが見えるようになるはず。これはstyle(スタイル)のvisibility(目に見える度合い)を、"visible(目に見える)"に変えたため、見えるようになったのです。

おお！
出たり消えたり
忍者みたいだ！！

表示ははじめと
変わらないけどね

第 8 章

ゲームをつくろう！

223

8-2 タイマーを使ってみよう

ゲームには時間制限がつきものです。今作成しているテントくんモグラたたきゲームにも、時間制限がつきます。setTimeout（セットタイムアウト）という機能を使い、まずはテントくんが現れたり消えたりするタイミングを決めましょう。

● タイマーを設定する

　前項の方法を使えば、テントくんの絵は現れたり消えたりします。ただし、勝手に見えるようになったり隠れたりするのではなく、いちいち指定しなければなりません。自動的に現れたり消えたりしなくては、ゲームになりません。

　そこで、時間を設定することにより、テントくんの明滅を自動化してみましょう。「タイマー」と呼ばれる機能を使います。「タイマー」って、料理なんかに使う、時間をはかるアレのことです。

> タイマーを使うと
> 「10分むらす」とか「5分火にかける」とか
> おいしい料理を確実につくれるよね！

> ほぼ同じ機能がJavaScriptにもあります

　JavaScriptでタイマーを使うためには、setTimeoutを使います。こんなふうに使います。

> setTimeout（やりたいことが書いてある関数，タイマーの時間）；

第8章　ゲームをつくろう！

224

前項で書いたtataku.js を改良してみましょう。

tataku.js

```javascript
var tentokun;

window.onload = function() {
  start();
};

function start() {
  tentokun = document.getElementById("gazo");
  setTimeout(kesu, 3000);
}

function kesu() {
  tentokun.style.visibility = "hidden";
}
```

このコードには、

setTimeout(kesu, 3000);

が加わっています。やりたいことはテントくんの絵を消すこと。kesuという関数として書かれていますね。ここでいう3000というのは 3 秒のことです。

setTimeout、あるいはその他の時間を使ったプログラムでは、1 とは 1 ミリ秒、すなわち0.001秒という意味です。「1 秒」と指定したいときには1000 と書き込みます。次のようなかたちになります。

ミリ秒	秒
1ミリ秒	0.001秒
10ミリ秒	0.01秒
100ミリ秒	0.1秒
1000ミリ秒	1秒
5000ミリ秒	5秒
10000ミリ秒	10秒
30000ミリ秒	30秒
60000ミリ秒	60秒（1分）

「ミリ秒」と「秒」の関係

「1分」を指定したいときには「60000」と書く必要があるってことだな

　前項のmogura.htmlを表示してみると、はじめはテントくんが見えて、3秒たつと消えます。

うーん
3秒たつと消えるのか

　setTimeout()には、「3秒たったら関数kesuを呼び出す」と書かれています。
　5秒後に消したければ、

```
setTimeout(kesu, 5000);
```

と書けばよいですし、10秒後に消したければ、数字を10000にします。

● 出したり消えたり

とはいえ、ここまでの作業をおこなっても、モグラたたきになりません。なぜかというと……。

そのとおり。これまで画像を消す方法は述べてきましたが、それを表示するためコードを書き加えなければなりません。

画像を消すために、以下のように記述していました。

```
tentokun.style.visibility = "hidden";
```

これを

```
tentokun.style.visibility = "visible";
```

に変えれば、画像を表示することができます。

visibleとはhiddenの反対の意味。「見える」ということです。ここで、隠れていたテントくんが見えるようになります。

tataku.js

```
var tentokun;

window.onload = function() {
  start();
};

function start() {
  tentokun = document.getElementById("gazo");
  setTimeout(kesu, 3000);
}

function kesu() {
  tentokun.style.visibility = "hidden";
  setTimeout(dasu, 3000);
}

function dasu() {
  tentokun.style.visibility = "visible";
  setTimeout(kesu, 3000);
}
```

関数 kesu() の中では、まずテントくんの画像を消しています。

```
tentokun.style.visibility = "hidden";
setTimeout(dasu, 3000);
```

つづいて、3秒後に関数 dasu を呼び出すように、setTimeoutを使っています。

```
setTimeout(dasu, 3000);
```

setTimeoutは基本的に、「次に何をするか」を記述するものだと考えていいでしょう。3000という数字は「それをいつするか」を指定したものです。

ここには、こう書かれています。

```
tentokun.style.visibility = "visible";
```

さらにその次には、ふたたび関数kesuを呼び出すように指定しています。すると、start() → kesu() → dasu() → kesu() → ... と、3秒ごとにくりかえされるようになるのです。

なお、解説の内容をコードに記述すると、次のようになります。

```
tataku.js   var tentokun;

            window.onload = function() {
                start();
            };

            function start() {
                tentokun = document.getElementById("gazo");
                setTimeout(kesu, 3000);
            }

            function kesu() {
                tentokun.style.visibility = "hidden";
                setTimeout(dasu, 3000);
            }

            function dasu() {
                tentokun.style.visibility = "visible";
                setTimeout(kesu, 3000);
            }
```

8-3 タイミングをランダムに変化させよう

一定時間ごとにモグラが出るようにすると、プレイヤーはモグラが出てくるタイミングがわかるようになります。そのタイミングに合わせてトンカチ（ここではマウス）を使えばいいので、面白くないのです。ではどうすれば……。

●テントくんをランダムに出す

　プレイしてみるとわかりますが、「モグラは3秒ごとに現れる」とわかっていれば、いくらでも対策が講じられます。2秒間遊んでいて、3秒めにたたく、なんてこともしたくなります。それもこれも、テントくん（モグラ）が登場する時間が決まっているからです。

> もう慣れたけど
> モグラって呼ぶなよな
> 犬なんだから！

　本格的なゲームで時間設定するときは、ふつう「3秒ごとに」というような、決められた数字は使いません。ランダム、つまり1秒だったり5秒だったり0.3秒だったり、予測できないような間隔で効果が表れるものです。
　ランダムな時間表示をつくるために、JavaScriptにはランダムな数字をつくる方法があります。

```
Math.random();
```

を使います。ランダムに表れる数字を、乱数と呼びます。

変数ransuを使って、ランダムに数字を表してみましょう。
こんなプログラムを書きます。

random.html

```
<html>
  <script>
    var ransu = Math.random();
    alert(ransu);
  </script>
</html>
```

これを実行すると、次のような画面が表れるはずです。ただし、数字はお手本とは違っています。なにしろ乱数ですから、同じになることはまず、ありません。

同じようにくりかえし実行してみましょう。

なるほど
毎回ちがった数字が
テキトーに出てくる
わけだな

● どうしたらゆっくりになる？

カンのいい人は、さきの例を何度か試して気づいたかと思うのですが、これ、全部1より小さい数です。0.05049……という数字は、約0.05を表しています。

さて、もともとなんのためにランダムな数字をつくる方法を知ったか思い起こしてみましょう。テントくん（モグラ）が、3秒ごとという決められた時間で消えたり現れたりしてしまうと、ゲームは成立しなくなってしまう。予測できないようなタイミングでテントくんが出てくるようにしたい、ということでした。つまり、「3秒ごと」ではなく、「乱数秒ごと」にすればいいわけです。

そこで、次のようなコードを書いてみます。

tataku.js

```
var tentokun;

window.onload = function() {
  start();
};


function start() {
  tentokun = document.getElementById("gazo");
  var ransu = Math.random();
  setTimeout(kesu, ransu);
}


function kesu() {
  tentokun.style.visibility = "hidden";
  var ransu = Math.random();
  setTimeout(kesu, ransu);
}
```

```
function dasu() {
  tentokun.style.visibility = "visible";
  var ransu = Math.random();
  setTimeout(kesu, ransu);
}
```

プログラムがどんなに正確に書けていても、このゲームは難しいと思います。なぜなら……。

モグラが表示される時間が短すぎるじゃないかーっ！！！

●ランダムな数字を大きくする

じつは、Math.random() は、0〜1の間の小数の数字をつくります。ただし、これをそのままタイマーとしたのでは、人には対応できないような間隔がつくられることになってしまいます。

そこで、乱数を、0〜3にしてみましょう。

どうすればいいかというと……。

```
var ransu3 = Math.random() * 3;
```

そうか！
3をかければ
3までの数字が
表示されるんだ！

試してみましょう。

random3.html

```html
<html>
  <script>
    var ransu3 = Math.random() * 3;
    alert(ransu3);
  </script>
</html>
```

```
このページの内容:

2.573294315232331

                                    OK
```

おお！
数字が大きくなったぞ！

●時間設定しなおす

さきほどのtataku.jsを修正して、テントくん（モグラ）が表示される時間を適当なものに改めてみましょう。

mogura.js

```javascript
var tentokun;


window.onload = function() {
  start();
};


function start() {
  tentokun = document.getElementById("gazo");
  var ransu3 = Math.random() * 3;
  setTimeout(kesu, ransu3 * 1000);
```

```
    }

    function kesu() {
        tentokun.style.visibility = "hidden";
        var ransu3 = Math.random() * 3;
        setTimeout(dasu, ransu3 * 1000);
    }

    function dasu() {
        tentokun.style.visibility = "visible";
        var ransu3 = Math.random() * 3;
        setTimeout(kesu, ransu3 * 1000);
    }
```

　setTimeout() でランダムの数字を 1000 倍しているのは、単位を「秒」にするためです。

> **setTimeout(kesu, ransu3 * 1000);**

setTimeoutの単位はミリ秒（1/1000秒）でした

　なお、mogura.htmlも新しいjsファイルmogura.jsを読み込む必要がありますから、

> **<script src="mogura.js"></script>**

が入る必要があります。

8-4 モグラをたたく

モグラをたたいたとき、なにか効果があるとおもしろいですよね。うまくクリックすることができたら、何か言うとか、画像が変わるとか。そんなしくみをつくってみることにしましょう。

●クリックでダイアログを表示する

これまでは、単純にテントくんが現れたり消えたりするしくみをつくっていました。ゲームっぽくするためには、現れたテントくんをクリックしたら（モグラをたたいたら）消えるようにします。

さらに、たたくことが成功したらそれがわかるようなしくみを付け加えたいのです。

クリックされたとき、テントくんが何か言うとおもしろいですよね。
こんなふうにしてみましょう。

テントくんをクリックすると、「たたかれた！」というダイアログ（アラート）を表示するのです。

dialog.js という名前のプログラムをつくります。

dialog.js

```javascript
var tentokun;


window.onload = function() {
  start();
};


function start() {
  tentokun = document.getElementById("gazo");
  tentokun.onclick = function() {
    alert("たたかれた！");
  };
}
```

mogura.html

```html
<html>
  <head>
    <title>もぐらたたき</title>
      <script src=" dialog.js"></script>
    <style>
    h1, div {
      text-align:center;
    }
    </style>
  </head>
  <body>
```

```
        <h1>もぐらたたき</h1>
        <div><img src="tento.png" id="gazo"></div>
    </body>
</html>
```

mogura.html から読みこむ JavaScript のプログラムを、tataku.jsから dialog.js に変えましょう。

```
<script src="tataku.js"></script>
         ↓
<script src="dialog.js"></script>
```

ポイントは
クリックしたらonclickが
使われていることです

●クリックで画像を変える

続いて、クリックしたことでテントくんの顔が変わるようにします。これも前章でふれましたから、難なくできることでしょう。kaeru.jsというファイルをつくります。

kaeru.js

```
var tentokun;

window.onload = function() {
    start();
};


function start() {
    tentokun = document.getElementById("gazo");
```

```
    tentokun.onclick = function() {
      tentokun.src = "naki.png";
    };
  }
```

mogura.html から読みこむ JavaScript のプログラムを、dialog.js から kaeru.js に変えましょう。

`<script src="dialog.js"></script>`
↓
`<script src="kaeru.js"></script>`

このしくみを、さきほど作成した「テントくんがランダムで出たり消えたりするプログラムに追加してみます。

tataku.js

```
var tentokun;

window.onload = function() {
  start();
};
```

```
function start() {
  tentokun = document.getElementById("gazo");
  tentokun.onclick = function() {
    tentokun.src = "naki.png";
    alert("たたかれた！");
  };
  var ransu3 = Math.random() * 3;
  setTimeout(kesu, ransu3 * 1000);
}

function kesu() {
  tentokun.style.visibility = "hidden";
  var ransu3 = Math.random() * 3;
  setTimeout(dasu, ransu3 * 1000);
}

function dasu() {
  tentokun.style.visibility = "visible";
  var ransu3 = Math.random() * 3;
  setTimeout(kesu, ransu3 * 1000);
}
```

関数 start() の中で、変数 tentokunにテントくんの画像のオブジェクトを取り出して入れたあとに、次の4行を追加しています。

```
tentokun.onclick = function() {
  alert("たたかれた！");
  tentokun.src = "naki.png";
};
```

mogura.html から読みこむ JavaScript のプログラムを、kaeru.jsから tataku.js に変えるのを忘れないようにしましょう。

```
<script src="kaeru.js"></script>
          ↓
<script src="tataku.js"></script>
```

● しばらくしたら元に戻す

さて、これでモグラたたきゲームっぽくなってきたぞ……と思ったあなた、まだちょっと早いです。というのは、テントくん（モグラ）をクリックして（たたいて）、泣き顔のテントくんを表示できたのはいいのですが、いつまでも泣いたままなのです。しばらくしたら元に戻るようなしくみを考えないといけません。

ここでは、テントくんが泣き顔になった１秒後に、元に戻るようにしましょう。setTimeout()を使います。

tataku.js

```
var tentokun;


window.onload = function() {
  start();
}
```

```javascript
function start() {

  tentokun = document.getElementById("gazo");

  tentokun.onclick = function() {

    tentokun.src = "naki.png";

    setTimeout(modosu, 1000);

  };

  var ransu3 = Math.random() * 3;

  setTimeout(kesu, ransu3 * 1000);

}


function modosu() {

  tentokun.src = "tento.png";

}


function kesu() {

  tentokun.style.visibility = "hidden";

  var ransu3 = Math.random() * 3;

  setTimeout(dasu, ransu3 * 1000);

}


function dasu() {

  tentokun.style.visibility = "visible";

  var ransu3 = Math.random() * 3;

  setTimeout(kesu, ransu3 * 1000);

}
```

　tentokun.onclick = function() { ... } の中で、画像を泣き顔（naki.png）に
変えたあと、タイマーをセットしておきます。

```
tentokun.onclick = function() {
  tentokun.src = "aita.png";
  setTimeout(modosu, 1000);
};
```

1秒、つまり1000ミリ秒たつと、modosuという関数を呼び出すと書かれています。modosuはここで用意した新しい関数です。

```
function modosu() {
  tentokun.src = "tento.png";
}
```

そこでmogura.htmlを表示すると……

これをマウスでクリックすると(たたくと)……

しばらくすると戻ります。

おお、
だいぶゲームっぽく
なってきたぞ！

まだやること、
たくさん
あるけどね……

8-5 点数を表示しよう

ゲームをつくるなら、点数表示するようにしたいですね。たとえば10点だったなら、次は15点にしようとか思います。自分で作ったゲームでそんなこと考えるのはおかしいけど、夢中になっちゃうんだ、これが。

● 点数をつける

ゲームに点数はつきものですよね。われらがテントくんのモグラたたきゲームにも、点数が表示される場所をつくりましょう。こんな感じです。

今は0点ですが、テントくんをクリック……つまりモグラをたたくたびに、1点、2点、3点……と点数が1点ずつ加算されるといいですよね。

まずはテントくんの下に「0点」というポイントが表示されるようにします。見た目を変えるのですから、改訂が必要なのはmogura.htmlの方です。

mogura.html

```
<html>
  <head>
    <title>もぐらたたき</title>
    <script src="tataku.js"></script>
    <style>
    h1, div {
      text-align:center;
    }
    </style>
  </head>
  <body>
    <h1>もぐらたたき</h1>
    <div><img src="tento.png" id="gazo"></div>
    <div>0点</div>        ← これが加わっている
  </body>
</html>
```

　<div>は<h1>と異なり、それ自体に意味があるタグではありません。<h1>は「見出し1」というほどの意味であり、<h1>……</h1>で囲まれた部分を見出しっぽく、大きなフォントで表示してくれますが、<div>は意味を持ちませんから、書き入れたところで変化はありません。

`<div>0点</div>`

と書き入れて、点数を表示しました。

●クリックで点数をふやす

「0点」と表示されたものの、この点数、いくらゲームが進行しても増えません。点数を増やすしくみが必要です。これで必要になるのがJavaScript、jsファイルの改訂です。

まずは、点数をおぼえておく変数 tensu を用意して、その中に 0 を入れておきましょう。

```
var tensu = 0;
```

次に、テントくんの画像をクリックするたびに（モグラがたたかれるたびに！）1 点ずつ増えるようなしくみをつくります。

テントくんの画像がクリックされたときには、すでにいくつか変化が現れるようになっていました。クリックすると泣き顔になるのもそのひとつですよね。

いったい何回泣き顔に
するつもりだーっ！！

tataku.jsの次の部分です。

```
tentokun.onclick = function() {
  tentokun.src = "naki.png";
  setTimeout(modosu, 1000);
};
```

ここでは、tento.src = "naki.png" で画像を泣き顔のテントくんに変えて、setTimeout(modosu, 1000) で 1 秒後（1000ミリ秒後）に元に戻るようにしています。ここの部分で、ついでに 1 点増えるようにしましょう。

```
tentkun.onclick = function() {
  tentokun.src = "naki.png";
```

```
  setTimeout(modosu, 1000);
  tensu = tensu + 1;
};
```

この点数計算のプログラムをtataku.jsに加えます。

tataku.js

```
var tentokun;

var kieru;

var tensu = 0; // ★点数をおぼえておく変数


window.onload = function() {

  start();

}


function start() {

  tentokun = document.getElementById("gazo");

  tentokun.onclick = function() {

    tentokun.src = "aita.png";

    setTimeout(modosu, 1000);

    tensu = tensu + 1; // ★1点ずつ増やします

  };

  var ransu3 = Math.random() * 3;

  setTimeout(kesu, ransu3 * 1000);

}


function kesu() {

  tentokun.style.visibility = "hidden";

  var ransu3 = Math.random() * 3;
```

```
    setTimeout(dasu, ransu3 * 1000);
  }

  function dasu() {
    tentokun.style.visibility = "visible";
    var ransu3 = Math.random() * 3;
    setTimeout(kesu, ransu3 * 1000);
  }

  function modosu() {
    tentokun.src = "tento.png";
  }
```

これで点数表示のしくみはできました。できましたが……あれ？

いくらやっても点数があがんないじゃないかーっ！！！

じつは、変数 tensu の中身は増えてるんだけど、mogura.html の中に、書きこんでいないのです。今はしくみをつくっただけの状態です。表示を変えてみましょう。

●HTMLを書きかえる

まず、mogura.html の中の点数の数字の部分を書きかえるために、「0点」となっているところを、<span> という HTML タグで囲みます。

spanタグは、JavaScriptなどで読みこんでおいて、見た目を変えたり動きに変化をつけたいときに使います。

具体的には、mogura.htmlの<div>の部分を、次のように変えて、tenというidをつけます。

```
<div><span id="ten">0</span>点</div>
```

つづいて、tataku.jsに変数 hyoji を用意して、

```
var hyoji;
```

getElementById("ten ") で読みこんで保存しておきます。

```
hyoji = document.getElementById("ten");
```

そして、前章で紹介したinnerHTMLをもちいて、加算された点数を表示するようにしましょう。変数tensuが表示されるようにします。

```
hyoji.innerHTML = tensu;
```

HTML(mogura.html)　　　　　　　　**JavaScript(tataku.js)**

```
<span id="ten"> 0 </span>        var hyoji = getElementById("ten");

                                  tensu = 1;
                                  hyoji.innerHTML = tensu;
```

(0 を 1 に書きかえる)

tataku.jsとmogura.htmlは次のようになります。

tataku.js

```
var tentokun;

var kieru;

var hyoji; // ★spanタグのオブジェクトを入れておく変数

var tensu = 0;


window.onload = function() {
```

250

```
    start();

}


function start() {

  tentokun = document.getElementById("gazo");

  hyoji = document.getElementById("ten"); // ★spanタグのオブジェクトを
  読みこむ

  tentokun.onclick = function() {

    tentokun.src = "naki.png";

    setTimeout(modosu, 1000);

    tensu = tensu + 1;

    hyoji.innerHTML = tensu; // ★点数の表示を書きかえる

  };

  var ransu3 = Math.random() * 3;

  setTimeout(kesu, ransu3 * 1000);

}


function kesu() {

  tentokun.style.visibility = "hidden";

  var ransu3 = Math.random() * 3;

  setTimeout(dasu, ransu3 * 1000);

}


function dasu() {

  tentokun.style.visibility = "visible";

  var ransu3 = Math.random() * 3;

  setTimeout(kesu, ransu3 * 1000);

}
```

```
function modosu() {
  tentokun.src = "tento.png";
}
```

mogura.html

```
<html>
  <head>
    <title>もぐらたたき</title>
    <script src="tataku.js"></script>
    <style>
    h1, div {
      text-align:center;
    }
    </style>
  </head>
  <body>
    <h1>もぐらたたき</h1>
    <div><img src="tento.png" id="gazo"></div>
    <div><span id="ten">0</span>点</div>
  </body>
</html>
```

おお、点数が表示されるようになったぞ！！

8-6 ゲームオーバー！

じつはこのゲーム、重大な欠陥があります。終わりがないので、いつまでも続いてしまうのです。ゲームに終わりをつくるとともに、終わりの前に難易度があがるちょっとイジワルもつくりましょう。

● ゲームを終わらせよう

テントくんは現れたり消えたりするようになった。たたくと、顔もかわるしセリフも言ってくれる。現れる時間はランダムで、予測不能。そして、たたくのに成功するとポイントになる。

ゲームとしては、完成したような気がします。必要な機能はすべて備えたような、そんな気がします。ところが……。

こ、このうえ何を
つくらせようっていうんだ！

このゲーム、終わりがないのです。クリックすれば点数はあがっていきますが、「ここで終わり」という区切りがありません。

モグラたたきゲームですから、時間制限をつけましょう。ある程度時間が経過したらゲームは終わり、という形です。setTimeout() を使えばできそうです。1分たったらゲームは終わりとします。

関数stopをつくり、次のように記述します。60000とは60000ミリ秒、つまり60秒、1分です。

```
setTimeout(stop, 60000);
```

これをふくめ、tataku.jsを次のように改訂します。

tataku.js

```
var tentokun;

var kieru;

var hyoji;

var tensu = 0;


window.onload = function() {

  start();

}


function start() {

  tentokun = document.getElementById("gazo");

  hyoji = document.getElementById("ten");

  tentokun.onclick = function() {

    tentokun.src = "naki.png";

    setTimeout(modosu, 1000);

    tensu = tensu + 1;

    hyoji.innerHTML = tensu;

  };

  var ransu3 = Math.random() * 3;

  setTimeout(kesu, ransu3 * 1000);

  setTimeout(stop, 60000);

}


function kesu() {

  tentokun.style.visibility = "hidden";

  var ransu3 = Math.random() * 3;
```

```
    setTimeout(dasu, ransu3 * 1000);
  }

  function dasu() {
    tentokun.style.visibility = "visible";
    var ransu3 = Math.random() * 3;
    setTimeout(kesu, ransu3 * 1000);
  }

  function modosu() {
    tentokun.src = "tento.png";
  }

  function stop() {
    alert("ゲームオーバー！");
  }
```

こんな画面が出たはずです。

ところが、これでゲームが終わったわけではありません。

出てきた「ゲームオーバー！」というアラートの[OK]ボタンを押すと、またテントくんが現れたり消えたりしはじめます。テントくんをクリックすれば、

点数を増やすことも可能です！

つまりぜんぜん終わっちゃいないってことだ……

●trueとfalseで問題解決！

今起きている問題を整理してみましょう。

①「ゲームオーバー！」というアラートの[OK]を押しても、テントくんが出たり消えたりし続ける。

②「ゲームオーバー！」というアラートの[OK]を押しても、点数が増え続ける。

　2つとも、[OK]ボタンを押したあとの問題であることがわかります。つまり、関数 stop() の中だけが問題なのです。
　stop()を書きかえてみましょう。

　変数gameoverを用意して、trueとfalseでゲームの状態を表します。trueは真とか本当とかいう意味です。反対語はfalse。偽、ないしは嘘を表します。

```
var gameover = false;
```

　これだと、ゲームオーバーが偽、つまりまだゲームが終わってないということになります。はじめはもちろんこの状態です。

　点数があがるのは、テントくんが見えていて、クリックできるからです。「ゲームオーバー！」というアラートが出たら、テントくんが見えなくなるようにしましょう。このとき、gameoverが真(true)になります。

tataku.js

```
var tentokun;
var kieru;
var hyoji;
var tensu = 0;
var gameover = false; // ゲームオーバーの状態をあらわす

window.onload = function() {
  start();
}

function start() {
  tentokun = document.getElementById("gazo");
  hyoji = document.getElementById("ten");
  tentokun.onclick = function() {
    tentokun.src = "naki.png";
    setTimeout(modosu, 1000);
    tensu = tensu + 1;
    hyoji.innerHTML = tensu;
  };
  var ransu3 = Math.random() * 3;
  setTimeout(kesu, ransu3 * 1000);
  setTimeout(stop, 60000);
}

function kesu() {
  tentokun.style.visibility = "hidden";
  var ransu3 = Math.random() * 3;
```

```javascript
    setTimeout(dasu, ransu3 * 1000);
  }


  function dasu() {
    if (gameover == false) {  // ゲームオーバーでないとき
      tentokun.style.visibility = "visible";
    }
    var ransu3 = Math.random() * 3;
    setTimeout(kesu, ransu3 * 1000);
  }


  function modosu() {
    tentokun.src = "tento.png";
  }


  function stop() {
    alert("ゲームオーバー！");
    gameover = true;  // ゲームオーバーの状態にする
    tentokun.style.visibility = "hidden";  // テントくんの画像を消す
  }
```

●ラストスパート！

　たいがいのゲームは、ゴール近くなると難易度が高くなるものです。このモグラたたきゲームも、そういうしくみを取り入れましょう。ゲームの終わりが近くなったら、テントくんの表示のスピードを早くします。消えるのも同じように早いです。

つまりイジワルするってことだな ククク…

時間を操作するわけですから、setTimeoutを使います。今のところ、テントくんの絵を、出したり消したりしているタイマーは、1〜3秒の間でランダムになるように設定されていました。これを、残り10秒になったところから、0〜1秒にします。

```
setTimeout(nokori10, 50000);
```

　50000というのは、「スタートしてから50秒たったとき」という意味です。1分間(60秒)のゲームですから、「残り10秒」とは50秒たったときですよね。

　つまり、50秒たつと、関数nokori10が実行されるのです。

　関数nokori10()は、まず、「もう、おこったぞ！」とダイアログを出します。

```javascript
var lastspurt = false;

function nokori10() {
  alert("もう、おこったぞ！");
  lastspurt = true;
}
```

　変数lastspurtは、はじめは偽（false）です。関数 nokori10()が呼ばれたら、まずは「もう、おこったぞ！」というアラートを出し、[OK]ボタンが押されると、真（true）になります。

　それまで、関数 kesu()の中で関数 dasu() を呼び出して、テントくんの絵を出すタイミングを決めていました。残り10秒になると、dasu()がdasu10()になります。

```javascript
function kesu() {
  tentokun.style.visibility = "hidden";
  var ransu3 = Math.random() * 3;
  if (lastspurt == true) {
  setTimeout(dasu10, ransu3 * 1000); // のこり10秒
  } else {
    setTimeout(dasu, ransu3 * 1000);
  }
}
```

　関数 dasu() と関数 dasu10() の違いは、変数 ransu3 と変数 ransu の違いだけです。dasu() の中では、0 〜 3 秒になるように、Math.random() に 3 をかけていましたが、dasu10() の中では、Math.random() をそのまま使っています。

```javascript
function dasu10 {
  if (gameover == false) {
    tento.style.visibility = "visible";
  }
  var ransu = Math.random();
  setTimeout(kesu, ransu * 1000); // 0〜1秒のランダム
ム
}
```

tataku.js

```javascript
var tentokun;

var kieru;

var hyoji;

var tensu = 0;

var gameover = false;

var lastspurt = false; // 残り10秒の状態をあらわす


window.onload = function() {

  start();

}


function start() {

  tentokun = document.getElementById("gazo");

  hyoji = document.getElementById("ten");

  tentokun.onclick = function() {

    tentokun.src = "naki.png";

    setTimeout(modosu, 1000);

    tensu = tensu + 1;
```

```javascript
    hyoji.innerHTML = tensu;
  };
  var ransu3 = Math.random() * 3;
  setTimeout(kesu, ransu3 * 1000);
  setTimeout(stop, 60000);
  setTimeout(nokori10, 50000);
}


function nokori10() {
  alert("もう、おこったぞ！");
  lastspurt = true; // 残り10秒の状態にする
}


function kesu() {
  tentokun.style.visibility = "hidden";
  var ransu3 = Math.random() * 3;
  if (lastspurt == true) { // 残り10秒ならこちら
    setTimeout(dasu10, ransu3 * 1000);
  } else { // 残り10秒より前ならこちら
    setTimeout(dasu, ransu3 * 1000);
  }
}


function dasu() {
  if (gameover == false) {
    tentokun.style.visibility = "visible";
  }
  var ransu3 = Math.random() * 3;
  setTimeout(kesu, ransu3 * 1000);
```

```
}
function dasu10() {
  if (gameover == false) {
    tentokun.style.visibility = "visible";
  }
  var ransu = Math.random();  // 0〜1のランダムな数字
  setTimeout(kesu, ransu * 1000);
}

function modosu() {
  tentokun.src = "tento.png";
}

function stop() {
  alert("ゲームオーバー！");
  gameover = true;
  tentokun.style.visibility = "hidden";
}
```

イジワルしたせいで
だんだん難しいゲームに
なってるぞ……

8-7 最高点を表示しよう

ゲームを作るなら、最高点の表示機能は絶対に欲しいところ。今は10点しかとれなかったけど、20点とったこともあるんだぜ、とは誰もが言いたいですよね。さらに、ゲームを何度もやるためのしくみをつくりましょう。

● 最高点を記録する

　せっかくゲームをするのですから、自分がどの程度の点数をとったのか知っておきたいですよね。誰でも経験あると思いますが、こちらの調子やゲームの出題によって、点数がとれなかったりするものです。

　まず、HTMLを書き換えて、最高点を表示する欄をつくりましょう。次のようにします。

コードは次のようになります。

mogura.html

```html
<html>
  <head>
    <title>もぐらたたき</title>
    <script src="tataku.js"></script>
    <style>
    h1, div {
      text-align:center;
    }
    </style>
  </head>
  <body>
    <h1>もぐらたたき</h1>
    <div><img src="tento.png" id="gazo"></div>
    <div><span id="ten">0</span>点</div>
    <div>(最高<span id="saiko">0</span>点)</div>
  </body>
</html>
```

すでに何度も述べましたのでおわかりでしょうが、これは「表示する場所」をつくっただけで表示するしくみができたわけではありません。

tataku.js

```
  var tentokun;
  var kieru;
  var hyoji;
  var tensu = 0;
  var saiko = 0;  // 最高点をおぼえておく
  var gameover = false;
  var lastspurt = false;

  window.onload = function() {
    start();
  }


  function start() {
    tentokun = document.getElementById("gazo");
    hyoji = document.getElementById("ten");
    tentokun.onclick = function() {
      tentokun.src = "naki.png";
      setTimeout(modosu, 1000);
      tensu = tensu + 1;
      hyoji.innerHTML = tensu;
    };
    var ransu3 = Math.random() * 3;
    setTimeout(kesu, ransu3 * 1000);
    setTimeout(stop, 60000);
    setTimeout(nokori10, 50000);
  }
```

```js
function nokori10() {
  alert("もう、おこったぞ！");
  lastspurt = true;
}

function kesu() {
  tentokun.style.visibility = "hidden";
  var ransu3 = Math.random() * 3;
  if (lastspurt == true) {
    setTimeout(dasu10, ransu3 * 1000);
  } else {
    setTimeout(dasu, ransu3 * 1000);
  }
}

function dasu() {
  if (gameover == false) {
    tentokun.style.visibility = "visible";
  }
  var ransu3 = Math.random() * 3;
  setTimeout(kesu, ransu3 * 1000);
}

function dasu10() {
  if (gameover == false) {
    tentokun.style.visibility = "visible";
  }
  var ransu = Math.random();
  setTimeout(kesu, ransu * 1000);
```

```
}

function modosu() {
  tentokun.src = "tento.png";
}

function stop() {
  alert("ゲームオーバー！");
  gameover = true;
  tentokun.style.visibility = "hidden";
  if (tensu > saiko) { // tensu が saiko より大きかったら
    saiko = tensu; // saiko を tensu にする
    kiroku = document.getElementById("saiko"); // 最高点を表示する部
    分のオブジェクトを取り出す
    kiroku.innerHTML = saiko; // 内容を saiko に入れかえる
  }
}
```

●スタートボタンをつける

これでひととおり機能はつくった……と思いきや、このゲーム、重大な欠陥があるのです。

> わかるぞ！
> スタートボタンがないから
> 再スタートできないんだ！

そのとおり。1度のみプレイするならmogura.htmlにアクセスすればはじまりますが、二度目にやろうとすると同じことをくりかえさなければなりません。記録していた最高点も0になってしまいます。スタートボタンがないため

です。Mogura.htmlに以下を書き入れます。

`<button id="start" >スタート！</button>`

ボタンには「スタート！」と表示されます。これは見た目のみの改造で、しくみはjsファイルにJavaScriptで書き込む必要がありますから、startというidをつけておきます。

mogura.html

```html
<html>
  <head>
    <title>もぐらたたき</title>
    <script src="tataku.js"></script>
    <style>
    h1, div {
      text-align:center;
    }
    </style>
  </head>
  <body>
    <h1>もぐらたたき</h1>
    <div><img src="tento.png" id="gazo"></div>
    <div><span id="ten">0</span>点</div>
    <div>(最高<span id="saiko">0</span>点)</div>
    <div><button id="start" >スタート！</button></div>
  </body>
</html>
```

tataku.js

```javascript
var tentokun;
var kieru;
var hyoji;
var botan; // スタートボタンのオブジェクトを入れておく
var tensu = 0;
var saiko = 0;
```

```
var gameover = false;

var lastspurt = false;


window.onload = function() {

  start();

}


function start() {

  tentokun = document.getElementById("gazo");

  hyoji = document.getElementById("ten");

  botan = document.getElementById("start"); // スタートボタンのオブジェ
クトを取り出す

  tentokun.onclick = function() {

    tentokun.src = "naki.png";

    setTimeout(modosu, 1000);

    tensu = tensu + 1;

    hyoji.innerHTML = tensu;

  };

  botan.onclick = function() { // スタートボタンがクリックされたら

    gameover = false; // ゲームオーバーではなくす

    lastspurt = false; // 残り 10 秒ではなくす

    tensu = 0; // 点数を 0 点にする

    hyoji.innerHTML = tensu; // 点数の表示を 0 点にする

    start(); // もう一度スタート！

  }

  var ransu3 = Math.random() * 3;

  setTimeout(kesu, ransu3 * 1000);

  setTimeout(stop, 60000);

  setTimeout(nokori10, 50000);
```

```javascript
}

function nokori10() {
  alert("もう、おこったぞ！");
  lastspurt = true;
}

function kesu() {
  tentokun.style.visibility = "hidden";
  var ransu3 = Math.random() * 3;
  if (lastspurt == true) {
  setTimeout(dasu10, ransu3 * 1000);
  } else {
    setTimeout(dasu, ransu3 * 1000);
  }
}

function dasu() {
  if (gameover == false) {
    tentokun.style.visibility = "visible";
  }
  var ransu3 = Math.random() * 3;
  setTimeout(kesu, ransu3 * 1000);
}

function dasu10() {
  if (gameover == false) {
    tentokun.style.visibility = "visible";
  }
```

```
    var ransu = Math.random();
    setTimeout(kesu, ransu * 1000);
}

function modosu() {
  tentokun.src = "tento.png";
}

function stop() {
  alert("ゲームオーバー！");
  gameover = true;
  tentokun.style.visibility = "hidden";
  if (tensu > saiko) {
    saiko = tensu;
    kiroku = document.getElementById("saiko");
    kiroku.innerHTML = saiko;
  }
}
```

8-8 モグラを増やそう

モグラの数を増やせば、ゲームの難易度は飛躍的にあがり、よりゲームらしくなります。ただし、モグラが3匹なら3匹ぶんのプログラムをつくらなくてはなりません。何と何が必要なのか。ゲーム制作のラストスパートです！

●テントくんを増やす

　これでゲームに必要な機能はすべて盛り込んだことになります。ただ、ちょっとさみしい気がします。当初、設計図（219ページ）には3匹のテントくんが現れるようになっていました。今のところ、テントくんは1匹だけ。うれしくないですよね。

　見た目上、テントくんを3匹にするのは、そんなに難しいことではありません。

```
<img src="tento.png" id="gazo">
```

　としてテントくんの画像を表示しているのですから、これを3回くりかえせばいいのです。

mogura.html

```html
<html>
  <head>
    <title>もぐらたたき</title>
    <script src="tataku.js"></script>
    <style>
    h1, div {
      text-align:center;
    }
    </style>
  </head>
  <body>
    <h1>もぐらたたき</h1>
    <div>
      <img src="tento.png" id="gazo">
      <img src="tento.png" id="gazo">
      <img src="tento.png" id="gazo">
    </div>
    <div><span id="ten">0</span>点</div>
    <div>(最高<span id="saiko">0</span>点)</div>
    <div><input id="start" type="button" value="スタート！"></div>
  </body>
</html>
```

絵の表示を3回くりかえす

これで目的のページができました。

ただし、このページは見た目上は3匹のテントくんが表示され、それっぽくなっているものの、「スタート！」ボタンを押しても、2匹目、3匹目のテントくんは動く気配がありません。なぜなら、3匹のテントくんが、全部同じ"gazo"というIDだからです。なにかうまい方法を考えないと、このままではゲームになりません。そこで、IDを"gazo1"、"gazo2"、"gazo3"とそれぞれ別のものにします。

```
<img src="tento.png" id="gazo1">
<img src="tento.png" id="gazo2">
<img src="tento.png" id="gazo3">
```

次に、3匹それぞれにプログラムをつくる必要があります。

つまり
3匹ぶんのプログラムを書くってことです
たいへんだけど

3匹ぶんのプログラムを書き加えたtataku.jsは以下のような形になります。

tataku.js

```javascript
var tento1; // 左のテントくん用

var tento2; // 真ん中のテントくん用

var tento3; // 右のテントくん用

var hyoji;

var botan;

var tensu = 0;

var saiko = 0;

var gameover = false;

var lastspurt = false;


window.onload = function() {

  start();

}


function start() {

  tento1 = document.getElementById("gazo1"); // 左のテントくんを読み込む

  tento2 = document.getElementById("gazo2"); // 真ん中のテントくんを読み込む

  tento3 = document.getElementById("gazo3"); // 右のテントくんを読み込む

  hyoji = document.getElementById("ten");

  botan = document.getElementById("start");


  tento1.onclick = function() { // 左のテントくんがクリックされたとき

    this.src = "naki.png";

    setTimeout(modosu1, 1000);
```

```javascript
  tensu = tensu + 1;
  hyoji.innerHTML = tensu;
};


tento2.onclick = function() { // 真ん中のテントくんがクリックされたとき
  tento2.src = "naki.png";
  setTimeout(modosu2, 1000);
  tensu = tensu + 1;
  hyoji.innerHTML = tensu;
};


tento3.onclick = function() { // 右のテントくんがクリックされたとき
  tento3.src = "naki.png";
  setTimeout(modosu3, 1000);
  tensu = tensu + 1;
  hyoji.innerHTML = tensu;
};


botan.onclick = function() {
  gameover = false;
  lastspurt = false;
  tensu = 0;
  hyoji.innerHTML = tensu;
  start();
}


var ransu3 = Math.random() * 3;
setTimeout(kesu1, ransu3 * 1000); // 左のテントくんを消すタイマー
setTimeout(kesu2, ransu3 * 1000); // 真ん中のテントくんを消すタイマー
```

```javascript
    setTimeout(kesu3, ransu3 * 1000); // 右のテントくんを消すタイマー
    setTimeout(stop, 60000);
    setTimeout(nokori10, 50000);
}

function nokori10() {
    alert("もう、おこったぞ！");
    lastspurt = true;
}

function kesu1() {
    tento1.style.visibility = "hidden"; // 時間がたったら左のテントくんを
    消す
    var ransu3 = Math.random() * 3;
    if (lastspurt == true) {
        setTimeout(dasu101, ransu3 * 1000);
    } else {
        setTimeout(dasu1, ransu3 * 1000);
    }
}

function kesu2() {
    tento2.style.visibility = "hidden"; // 時間がたったら真ん中のテントく
    んを消す
    var ransu3 = Math.random() * 3;
    if (lastspurt == true) {
        setTimeout(dasu102, ransu3 * 1000);
    } else {
        setTimeout(dasu2, ransu3 * 1000);
```

```
    }
}


function kesu3() {
  tento3.style.visibility = "hidden"; // 時間がたったら右のテントくんを
  消す
  var ransu3 = Math.random() * 3;
  if (lastspurt == true) {
  setTimeout(dasu103, ransu3 * 1000);
  } else {
    setTimeout(dasu3, ransu3 * 1000);
  }
}


function dasu1() {
  if (gameover == false) {
    tento1.style.visibility = "visible"; // 左のテントくんを出す
  }
  var ransu3 = Math.random() * 3;
  setTimeout(kesu1, ransu3 * 1000); // 左のテントくんを消すタイマー
}


function dasu2() {
  if (gameover == false) {
    tento2.style.visibility = "visible"; // 真ん中のテントくんを出す
  }
  var ransu3 = Math.random() * 3;
  setTimeout(kesu2, ransu3 * 1000); // 真ん中のテントくんを消すタイマー
}
```

```javascript
function dasu3() {

  if (gameover == false) {

    tento3.style.visibility = "visible"; // 右のテントくんを出す

  }

  var ransu3 = Math.random() * 3;

  setTimeout(kesu3, ransu3 * 1000); // 右のテントくんを消すタイマー

}


function dasu101() {

  if (gameover == false) {

    tento1.style.visibility = "visible"; // 左のテントくんを出す

  }

  var ransu = Math.random();

  setTimeout(kesu1, ransu * 1000); // 左のテントくんを消すタイマー

}


function dasu102() {

  if (gameover == false) {

    tento2.style.visibility = "visible"; // 真ん中のテントくんを出す

  }

  var ransu = Math.random();

  setTimeout(kesu2, ransu * 1000); // 真ん中のテントくんを消すタイマー

}


function dasu103() {

  if (gameover == false) {

    tento3.style.visibility = "visible"; // 右のテントくんを出す

  }
```

```javascript
    var ransu = Math.random();

    setTimeout(kesu3, ransu * 1000); // 右のテントくんを消すタイマー
}


function modosu1() {

    tento1.src = "tento.png"; // 左のテントくんを元に戻す
}


function modosu2() {

    tento2.src = "tento.png"; // 真ん中のテントくんを元に戻す
}


function modosu3() {

    tento3.src = "tento.png"; // 右のテントくんを元に戻す
}


function stop() {

    alert("ゲームオーバー！");

    gameover = true;

    tento1.style.visibility = "hidden"; // 左のテントくんを消す

    tento2.style.visibility = "hidden"; // 真ん中のテントくんを消す

    tento3.style.visibility = "hidden"; // 右のテントくんを消す

    if (tensu > saiko) {

        saiko = tensu;

        kiroku = document.getElementById("saiko");

        kiroku.innerHTML = saiko;

    }
}
```

● プログラムを簡単にする

プログラムが長くなって、複雑になりすぎました。140ページでふれた関数の引数をつかって、短くしてみます。

mogura.js

```javascript
var tento1;

var tento2;

var tento3;

var hyoji;

var botan;

var tensu = 0;

var saiko = 0;

var gameover = false;

var lastspurt = false;


window.onload = function() {

  start();

}


function start() {

  tento1 = document.getElementById("gazo1");

  tento2 = document.getElementById("gazo2");

  tento3 = document.getElementById("gazo3");

  hyoji = document.getElementById("ten");

  botan = document.getElementById("start");


  tento1.onclick = function() {

    click(tento1); // 左のテントがクリックされたとき
```

```
    }

    tento2.onclick = function() {
        click(tento2); // 真ん中のテントがクリックされたとき
    };

    tento3.onclick = function() {
        click(tento3); // 右のテントがクリックされたとき
    };

    botan.onclick = function() {
        gameover = false;
        lastspurt = false;
        tensu = 0;
        hyoji.innerHTML = tensu;
        start();
    }

    var ransu3 = Math.random() * 3;
    setTimeout(kesu1, ransu3 * 1000); // 左のテントを消すタイマー
    setTimeout(kesu2, ransu3 * 1000); // 真ん中のテントを消すタイマー
    setTimeout(kesu3, ransu3 * 1000); // 右のテントを消すタイマー
    setTimeout(stop, 60000);
    setTimeout(nokori10, 50000);
}

function click(gazou) { // 引数でわたされたテント gazou がクリックされたとき
    gazou.src = "naki.png";
```

```javascript
  setTimeout(function() {
    modosu(gazou);
  }, 1000);  // 引数でわたされたテント gazou を元に戻すタイマー
  tensu = tensu + 1;
  hyoji.innerHTML = tensu;
}


function nokori10() {
  alert("もう、おこったぞ！");
  lastspurt = true;
}


function kesu(gazou) {
  gazou.style.visibility = "hidden"; // 引数でわたされたテントくんを消す
  var ransu3 = Math.random() * 3;
  if (lastspurt == true) {
    setTimeout(function() {
      dasu(gazou, 1);  // 引数にテントくんと、タイマーの最大時間 1 秒をわ
      たす
    }, ransu3 * 1000); // 残り 10 秒で引数でわたされたテントくんを出すタイ
    マー
  } else {
    setTimeout(function() {
      dasu(gazou, 3); // 引数にテントくんと、タイマーの最大時間 3 秒をわた
  す
    }, ransu3 * 1000); // 渡されたテントくんを出すタイマー
  }
}
```

```javascript
function kesu1() {
  kesu(tento1); // 左のテントを消す
}


function kesu2() {
  kesu(tento2); // 真ん中のテントを消す
}


function kesu3() {
  kesu(tento3); // 右のテントを消す
}


function dasu(gazou, timer) {
  if (gameover == false) {
    gazou.style.visibility = "visible"; // 引数でわたされたテントくん
    gazou を出す
  }
  var ransu = Math.random() * timer; // 引数でわたされた秒数 timer で
  ランダムな数をつくる
  setTimeout(function() {
    kesu(gazou);
  }, ransu * 1000);  // わたされたテントくんを消すタイマー
}


function modosu(gazou) {
  gazou.src = "tento.png"; // 引数でわたされたテントくん gazou を元に戻す
}


function stop() {
```

```
    alert("ゲームオーバー！");
    gameover = true;
    tento1.style.visibility = "hidden";
    tento2.style.visibility = "hidden";
    tento3.style.visibility = "hidden";
    if (tensu > saiko) {
      saiko = tensu;
      kiroku = document.getElementById("saiko");
      kiroku.innerHTML = saiko;
    }
  }
```

プログラムを短くすっきり書く方法は
ほかにもあるよ。考えてみよう！

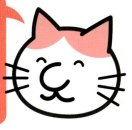

配列などのテクニックを使えば
最高得点を出したプレイヤーの名前を
表示するなんてこともできるよ
このゲームにはもっといろいろつけられます！！

著者プロフィール

TENTO

日本ではじめての小中学生向けプログラミング・スクール。新宿・湯島・府中・赤羽・さいたま・川口・横浜・市川・静岡に教室を展開。http://www.tento-net.com/

12歳からはじめるJavaScriptとウェブアプリ

2017年11月30日　初版第1刷発行

著者	TENTO（竹林 暁　谷岡 広樹　草野 真一）
イラスト	森 マサコ
装丁・DTP	松本 圭司
編集	草野 真一（TENTO）
発行者	黒田 庸夫
発行所	株式会社ラトルズ 〒115-0055　東京都北区赤羽西4-52-6 TEL：03-5901-0220　FAX：03-5901-0221 http://www.rutles.net
印刷・製本	株式会社ルナテック

ISBN978-4-89977-471-6
Copyright ©2017　TENTO
Printed in Japan

- 本書の一部または全部を無断で複写複製することは、法律で認められた場合を除き、著作権の侵害となります。
- 本書に関してご不明な点は、当社Webサイトの「ご質問・ご意見」ページ（http://www.rutles.net/contact/index.php）をご利用ください。
- 電話、ファックス、電子メールでのお問い合わせには応じておりません。
- 当社への一般的なお問い合わせは、info@rutles.netまたは上記の電話、ファックス番号までお願いいたします。
- 本書内容については、間違いがないよう最善の努力を払って検証していますが、著者および発行者は、本書の利用によって生じたいかなる障害に対してもその責を負いませんので、あらかじめご了承ください。
- 乱丁、落丁の本が万一ありましたら、小社営業宛にお送りください。送料小社負担にてお取り替えします。

本書のサポートページ（http://www.rutles.net/download/471/index.html）
本書の正誤表など追加情報を掲載しています。

Windowsは米国Microsoft Corporationの米国およびその他の国における商標または登録商標です。
その他本書に記載されている会社名、製品名は、各社の登録商標または商標です。